Fachwissen Technische Akustik

Diese Reihe behandelt die physikalischen und physiologischen Grundlagen der Technischen Akustik, Probleme der Maschinen- und Raumakustik sowie die akustische Messtechnik. Vorgestellt werden die in der Technischen Akustik nutzbaren numerischen Methoden einschließlich der Normen und Richtlinien, die bei der täglichen Arbeit auf diesen Gebieten benötigt werden.

Weitere Bände in der Reihe http://www.springer.com/series/15809

Michael Möser

(Hrsg.)

Körperschall-Messtechnik

Springer Vieweg

Herausgeber
Michael Möser
Institut für Technische Akustik
Technische Universität Berlin
Berlin, Deutschland

ISSN 2522-8080   ISSN 2522-8099   (electronic)
Fachwissen Technische Akustik
ISBN 978-3-662-56620-6   ISBN 978-3-662-56621-3   (eBook)
https://doi.org/10.1007/978-3-662-56621-3

Die Deutsche Nationalbibliothek verzeichnet diese Publikation in der Deutschen Nationalbibliografie; detaillierte bibliografische Daten sind im Internet über http://dnb.d-nb.de abrufbar.

Gedruckt auf säurefreiem und chlorfrei gebleichtem Papier

Springer Vieweg ist ein Imprint der eingetragenen Gesellschaft Springer-Verlag GmbH, DE und ist ein Teil von Springer Nature
Die Anschrift der Gesellschaft ist: Heidelberger Platz 3, 14197 Berlin, Germany

Inhaltsverzeichnis

Dr.-Ing. Joachim Feldmann Technische Universität Berlin, Institut für Strömungsmechanik und Technische Akustik, Berlin, Deutschland

Körperschall-Messtechnik

Joachim Feldmann

Zusammenfassung

Neben einer allgemeinen Erläuterung über Sinn und Zweck der Körperschall-Messtechnik, werden zunächst die relevanten Messgrößen definiert. Danach wird auf die verschiedenen Wandlerprinzipien, deren Eigenschaften und Bauformen eingegangen, wobei im Focus piezoelektrische Anwendungen in Form von Beschleunigungs-, Kraft- und Impedanzsensoren stehen. Ein extra Abschnitt ist den Drehschwingungen und ihrer Erfassung gewidmet. Weitere Abschnitte behandeln die Körperschallintensität sowie die Möglichkeiten der elektrodynamischen und impulsförmigen künstlichen Körperschallanregung von Strukturen.

1 Einführung

„Körperschall" ist dasjenige Gebiet der Akustik, das sich mit der Anregung und Übertragung von Festkörperschwingungen im Hörfrequenzbereich beschäftigt.

Quellen für Körperschall sind in der industrialisierten Umwelt zahlreich. Zu nennen sind beispielhaft Motoren, Generatoren, Kompressoren, Werkzeugmaschinen, Förderbänder, Triebwerke, Fahrzeuge oder Haushaltsgeräte. Aber auch viele periodische oder stoßartige Arbeitsvorgänge wie Bohren, Schleifen, Sägen, Nieten oder Hämmern erzeugen entsprechenden Körperschall.

Die zum Gebiet gehörende Messtechnik ist überwiegend für vier große Anwendungsgebiete von Bedeutung:

- in der Geräuschbekämpfung (Schallschutz)
- beim geräuscharmen Konstruieren
- in der Zustandsüberwachung und Schadensfrüherkennung an Maschinen und
- bei Materialuntersuchungen (Elastizitätsmodul, Schubmodul, und Verlustfaktor).

Ihre Mittel sind neben der in situ Messung vorhandener Feldgrößen, auch die Erfassung des Strukturverhaltens bei künstlicher dynamischer Anregung.

Die Messtechnik kann dabei eine ganze Reihe an Fragen klären helfen, wie

- Ort der Körperschallquellen
- Art der Körperschallentstehungs-Mechanismen
- Geräuschart und Frequenzverteilung
- Konstruktionsspezifische Erreger- und/oder Eigenfrequenzen
- Wege und Art der Körperschallübertragung
- Identifizierung von Körperschall-Teilquellen

J. Feldmann (✉)
Technische Universität Berlin, Institut für
Strömungsmechanik und Technische Akustik,
Berlin, Deutschland
E-Mail: joachim.feldmann@tu-berlin.de

© Springer-Verlag GmbH Deutschland, ein Teil von Springer Nature 2018
M. Möser (Hrsg.), *Körperschall-Messtechnik,* Fachwissen Technische Akustik,
https://doi.org/10.1007/978-3-662-56621-3_1

- Charakteristik von Pegel bestimmenden Betriebsvorgängen
- Anwendungsmöglichkeiten für lärmarme Funktions- oder Verfahrensprinzipien.

2 Körperschall-Messgrößen

Die Körperschallmesstechnik dient in der technischen Akustik der Erfassung der wichtigsten Bewegungs- und Kraftwechselgrößen von schwingenden Strukturen. Unter die Bewegungsgrößen, die bekanntlich alle Vektoren sind, fallen:

Auslenkung (Schwingweg) $\vec{\xi}$ [m].
Schnelle (Schwinggeschwindigkeit) $\vec{v}$ [m/s]
Beschleunigung $\vec{a}$ [m/s^2].

Diese drei Größen haben ihren direkten Bezug zu den drei Grundelementen aller mechanischer Strukturen, nämlich Feder, Dämpfer und Masse. Wenn diese Elemente mit einer konstanten Kraft beaufschlagt werden, reagiert die Feder mit einer entsprechenden Auslenkung, der Dämpfer mit einer Schnelle und die Masse mit einer Beschleunigung.

Zur Vereinfachung wird im folgenden nur die Länge der Vektoren ξ, v und a betrachtet. Zwischen den Größen besteht der einfache bekannte Zusammenhang

$$v = \frac{d\xi}{dt} \tag{1}$$

und

$$a = \frac{dv}{dt} = \frac{d^2\xi}{dt^2}, \tag{2}$$

d. h. man kann die einzelnen Größen durch Differenzieren oder Integrieren nach der Zeit t ineinander umrechnen.

Betrachtet man rein harmonische Vorgänge der Form

$$\xi(t) = \hat{\xi} \cdot \sin \omega t \tag{3}$$

so folgt entsprechend der genannten Zusammenhänge der Gl. 1 bzw. 2

$$v(t) = \hat{\xi} \cdot \omega \cdot \cos \omega t = \hat{v} \cdot \cos \omega t$$
$$= \hat{v} \cdot \sin(\omega t + \pi/2) \tag{4}$$

und

$$a(t) = -\hat{\xi} \cdot \omega^2 \cdot \sin \omega t = -\hat{a} \cdot \sin \omega t$$
$$= \hat{a} \cdot \sin(\omega t + \pi), \tag{5}$$

$\hat{\xi}$, $\hat{v}$ und $\hat{a}$ sind die (komplexen) Amplituden der Bewegungsgrößen.

Wie man in Abb. 1 sieht, eilt die Schnelle der Auslenkung um 90° ($\pi/2$) voraus, die Beschleunigung eilt der Schnelle um 90° voraus und ist gegenüber der Auslenkung um 180° (π) Phasen verschoben.

Betrachtet man die Amplituden über der Frequenz im Vergleich, Abb. 2, so sieht man, bezogen auf eine konstante Beschleunigung, dass die Amplituden der Schnelle mit ω und die Amplituden der Auslenkung mit ω^2 abfallen. Dieser Zusammenhang erklärt warum zur Erfassung von Körperschall mit hohen Frequenzanteilen vorzugsweise die Beschleunigung gemessen wird, sie hat relativ die größten Amplituden und ermöglicht so einen guten Signal-Rauschabstand, während tieffrequente Schwingungen oft auch in Form der Schnelle oder Auslenkung gemessen werden.

Von den Kraftgrößen (Kraft, Moment, Spannung) ist die Kraft F in [N] die in der Messtechnik wichtigste Größe. Aus der Verknüpfung der Kraft mit den Bewegungsgrößen lassen sich dynamische Kenngrößen von Strukturen in Abhängigkeit von der Frequenz ω ableiten. Dabei stellen die Verknüpfungen im Sinn der Signalverarbeitung komplexe Übertragungsfunktionen dar [4].

Die Relation von Kraft und Schnelle führt auf die mechanische Impedanz (Mechanical Impedance), $\underline{Z}$[1]

$$\underline{Z}(\omega) = \frac{F(\omega)}{\underline{v}(\omega)} \quad \text{[Ns/m]}, \tag{6}$$

als Maß für den komplexen mechanischen Widerstand, den eine Struktur einer anregenden Kraft entgegen setzt. Man unterscheidet zwischen (Punkt-) Eingangsimpedanz (Kraft und Schnelle

---

[1]Siehe DIN 5483 Teil 1; komplexe Größen werden durch Unterstreichen gekennzeichnet.

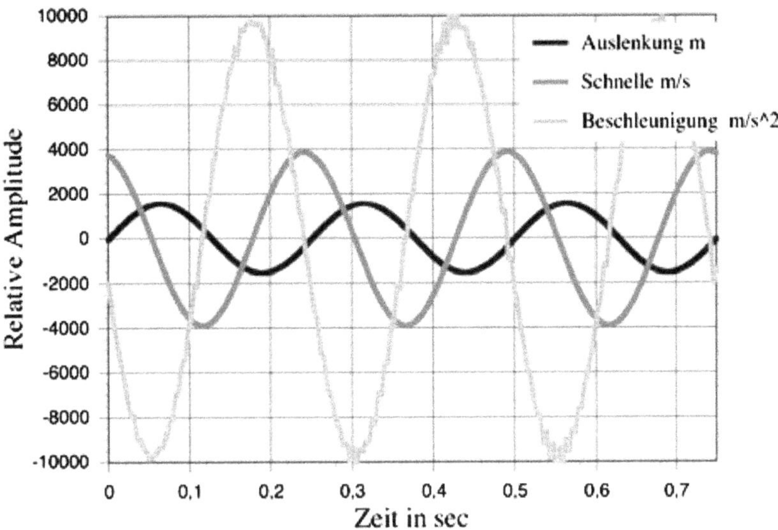

Abb. 1 Phasenbeziehungen zwischen den Bewegungsgrößen

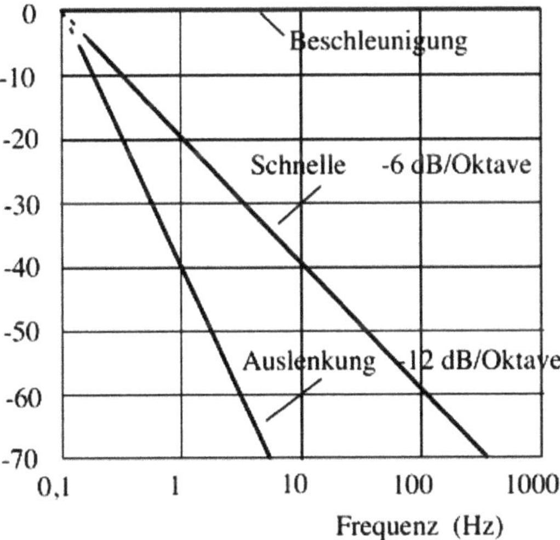

Abb. 2 Vergleich zwischen Beschleunigungs-, Schnelle- und Auslenkungspegeln über der Frequenz

am selben Ort gemessen) und Transferimpedanz (Kraft und Schnelle an zwei verschiedenen Stellen auf der Struktur gemessen). Der reziproke Wert der Impedanz wird als Admittanz (Admittance) oder Beweglichkeit (Mobility) bezeichnet

$$\underline{Y}(\omega) = \frac{\underline{v}(\omega)}{\underline{F}(\omega)} \quad [\text{m/N/s}], \qquad (7)$$

Andere gebräuchliche Größen sind:

Die dynamische Steifigkeit (Dynamic Stiffness), die die Kraft mit der Auslenkung verknüpft

$$\underline{s}_{\text{dyn}}(\omega) = \frac{\underline{F}(\omega)}{\underline{\xi}(\omega)} \quad [\text{N/m}], \qquad (8)$$

der entsprechende Kehrwert heißt dynamische Nachgiebigkeit (Receptance)

$$\underline{n}_{\text{dyn}}(\omega) = \frac{\underline{\xi}(\omega)}{\underline{F}(\omega)} \quad [\text{m/N}], \qquad (9)$$

Ferner die dynamische Masse (Apparent Mass), die Kraft und Beschleunigung verbindet

$$\underline{m}_{\text{dyn}}(\omega) = \frac{\underline{F}(\omega)}{\underline{a}(\omega)} \quad \left[\text{Ns}^2/\text{m}\right], \qquad (10)$$

sowie der entsprechende Kehrwert, Trägheit (Inertance oder Accelerance) genannt

$$\underline{a}_{\text{cc}}(\omega) = \frac{\underline{a}(\omega)}{\underline{F}(\omega)} \quad \left[\text{m/N/s}^2\right]. \qquad (11)$$

Alle diese Größen lassen sich bei Bedarf ineinander umrechnen, Abb. 3 zeigt dieses beispielhaft. Welche Größe benutzt wird, hängt von der gewünschten Aussage ab.

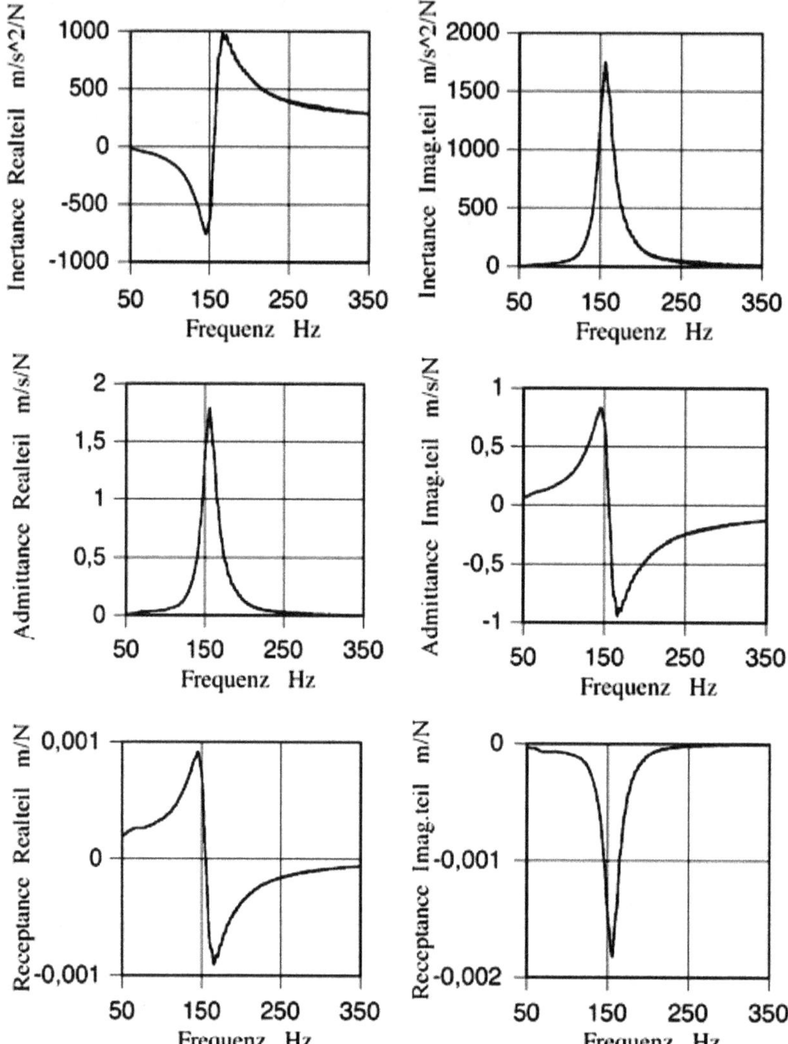

Abb. 3 Real- und Imaginärteil verschiedener Kenngrößen am Beispiel eines einfachen bedämpften Masse-Feder-Systems im Bereich der Resonanzfrequenz

Wenn nicht speziell Phasenbeziehungen interessieren, erfolgt die quantitative Beschreibung der oben genannten Größen meistens in der bekannten Art und Weise, entweder durch ihre linearen Betrags-Amplituden, dann meistens der Effektivwert, oder aber als Pegel. Bezugswerte werden international nicht immer einheitlich gehandhabt.

Auslenkungspegel

$$L_\xi = 20 \log \frac{|\xi|}{\xi_0} \quad [dB]$$

$$\text{mit} \quad \xi_0 = 10^{-6} \text{ m.} \qquad (12)$$

Schnellepegel

$$L_v = 20 \log \frac{|v|}{v_0} \quad [dB]$$

$$\text{mit} \quad v_0 = 5 \times 10^{-8} \text{ m/s}$$
$$\text{oder auch} \quad v_0 = 10^{-9} \text{ m/s.} \qquad (13)$$

Beschleunigungspegel

$$L_a = 20 \log \frac{|a|}{a_0} \quad [dB]$$

$$\text{mit} \quad a_0 = 10^{-6} \text{ m/s}^2. \qquad (14)$$

Kraftpegel

$$L_F = 20 \log \frac{|F|}{F_0} \quad [\text{dB}]$$

$$\text{mit} \quad F_0 = 10^{-6}\,\text{N}. \tag{15}$$

Auch die verknüpften Größen wie Impedanz etc. werden oft als Pegel angegeben, dabei haben die Bezugswerte meistens den Wert 1 oder ergeben sich aus den Einzel- Bezugswerten.

3 Messwandlerprinzipien

Wandler haben im vorliegenden Kontext generell die Aufgabe mechanische Schwingungsgrößen in elektrische Signale umzuwandeln. Dazu eignen sich verschiedene Wandlerprinzipien, allerdings sind die Anforderungen an einen guten Wandler vielfältig und hoch:

- großer Dynamikumfang
- geringes Eigenrauschen
- Linearität über den gesamten Dynamikbereich
- breiter Frequenzbereich
- hohe Empfindlichkeit bei geringen Abmessungen und Gewicht
- möglichst keine beweglichen inneren Teile
- möglichst keine elektrische Hilfsenergie
- geringe Empfindlichkeit gegenüber Umwelteinflüssen.

Diese Ansprüche haben dazu geführt, dass sich einige Prinzipien nicht weiter durchgesetzt haben. Unabhängig davon, sollen aber, bevor in einem weiteren Kapitel speziell die piezoelektrischen Wandler eingehend behandelt werden, im folgenden ein paar Wandlerprinzipien mit ihren Vor- und Nachteilen vorgestellt werden.

3.1 Auslenkungswandler

3.1.1 Mechanischer Taster

Das einfachste Prinzip aus den Anfängen der Messtechnik ist der mechanische Taster, man findet ihn heute nur noch vereinzelt in alten Kraftwerken zur Maschinenüberwachung, Abb. 4.

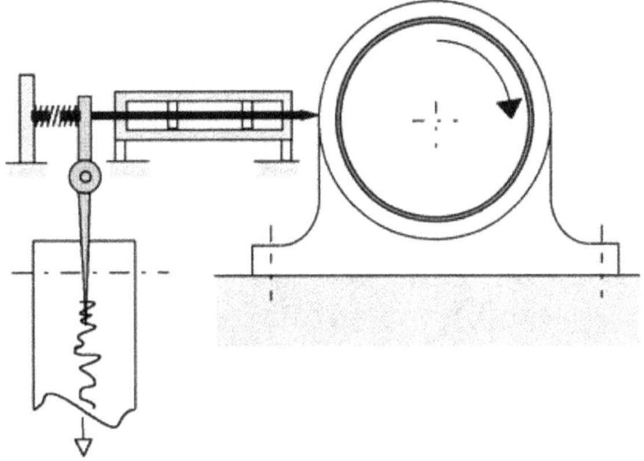

Abb. 4 Mechanischer Auslenkungswandler (Prinzip)

Vorteile:

- keine elektrische Speisespannung notwendig
- einfache Datenaufzeichnung
- geringe Anschaffungskosten.

Nachteile:

- unempfindlich, d. h. nur für große Schwingungsamplituden
- nur bei tiefen Frequenzen verwendbar
- Fühlerspitze nutzt durch mechanischen Kontakt ab
- kein elektrisches Ausgangssignal für die Weiterverarbeitung
- die schwingende Struktur wird durch den Sensor belastet
- richtungsempfindlich.

3.1.2 Wirbelstromwandler

Liegt im Bereich eines Wechselmagnetfeldes einer von einem monofrequenten Wechselstrom durchflossenen Spule ein leitender Metallkörper, so wird in diesem ein Wechselstrom induziert. Dieser sog. Wirbelstrom erzeugt wiederum rückwärts in der Spule eine der primären Spannung entgegen gesetzte Spannung, die die dynamischen Eigenschaften des schwingenden Metallkörpers aufgrund von Abstandsänderungen abbildet Diese Änderungen führen auf eine Amplitudenmodulation, die sich entsprechend auswerten lässt, Abb. 5.

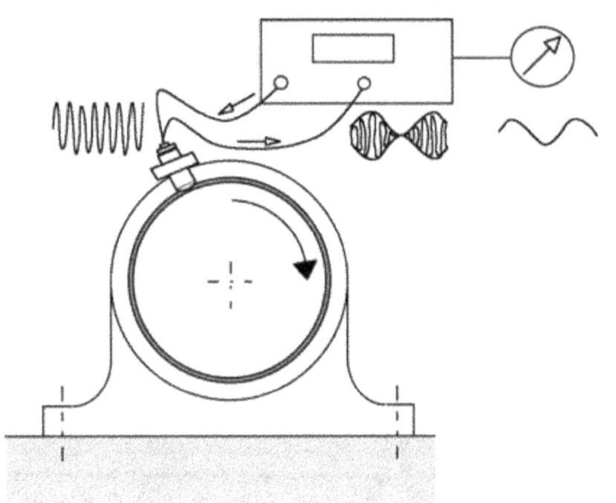

Abb. 5 Auslenkungsproportionaler Wirbelstromwandler (Prinzip)

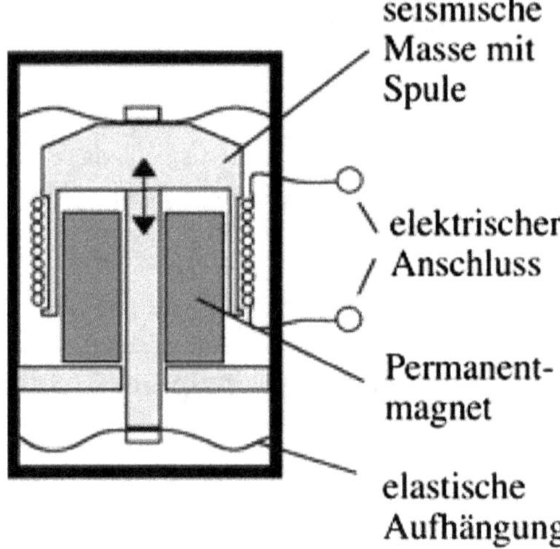

Abb. 6 Prinzip eines der Schwinggeschwindigkeit proportionalen induktiven Wandlers (Geofon)

Vorteile:

- berührungsfrei
- verschleißfrei
- elektrisches Ausgangssignal (proportional der Relativbewegung)
- Frequenzbereich praktisch von 0 Hz bis etwa 2 kHz

Nachteile:

- benötigt Versorgungsspannung
- Messobjekt muss elektromagnetisch leitend sein
- geringe Messdynamik
- Veränderungen der magnetischen Eigenschaften oder geometrische Ungenauigkeiten des zu messenden Objektes können fehlerhafte Signalkomponenten verursachen.

3.2   Schwingschnellewandler

3.2.1 Elektrodynamischer Wandler

Diese auch sog. induktiven Wandler, Abb. 6, arbeiten geschwindigkeitsproportional und eignen sich deswegen als Schnellesensoren, sie sind ebenfalls unter dem Begriff Geofon bekannt. Eine beweglich aufgehängte Spule in einem Gehäuse, auch Tauchspule genannt, wird, aufgrund der Globalschwingung des mit dem Messobjekt verbundenen Gehäuses, in dem Luftspalt eines

Dauermagneten relativ bewegt. Die induzierte Ausgangsspannung folgt dem bekannten Induktionsgesetz und ist proportional dem magnetischen Feld B, der Leiterlänge der Schwingspule l, sowie der relativen Schwinggeschwindigkeit v. Wegen ihres Gewichts kommt dieser Wandlertyp hauptsächlich für Messungen an Gebäuden und anderen massiven Konstruktionen sowie im Bereich der Erdbodenschwingungen zum Einsatz.

Vorteile:

- keine Versorgungsspannung
- das Ausgangssignal hat eine niedrige Impedanz, kann also über lange Verbindungskabel geführt werden

Nachteile:

- misst erst ab ca. 10 Hz bis maximal etwa 1 kHz (hoch abgestimmtes System)
- bewegliche Teile (Verschleiß)
- i. a. groß und schwer
- beeinflusst mit seiner Masse den Prüfling
- richtungsempfindlich
- unterliegt magnetischen Einflüssen (z. B. bei der Messung elektrischer Motoren).

3.2.2 Elektromagnetischer Wandler

Der elektromagnetische Wandler besteht aus einem hochpermeablen polarisierten Magnetkern und einer ihn umschließenden fest stehenden Spule. Der Magnet erzeugt ein Magnetfeld, dessen Feldlinien sich über das Messobjekt schließen müssen. Bei Abstandsänderungen durch die Wechselbewegung des Objektes wird aufgrund des sich ändernden Magnetfeldes in der Spule eine der Schwingschnelle proportionale Spannung induziert, Abb. 7.

Vorteile:

- berührungsfreie Messung, d. h. Messobjekt wird mechanisch nicht belastet
- keine Versorgungsspannung
- keine beweglichen Teile
- niederohmig
- kann invers auch als Anregesystem verwendet werden (typische Spulenwechselspannung 70 V)

Nachteile:

- linearer Frequenzumfang nur bis etwa 2 kHz
- Empfindlichkeit hängt vom Ruheabstand d_0 zwischen Messobjekt und Wandler ab (typisch 67 mV/mm, wenn der Abstand $d_0 = 2$ mm ist)
- Messobjekt muss magnetisch leitend sein oder mit einer aufgeklebten hochpermeablen dünnen Scheibe versehen werden
- nur Relativmessungen
- schwer zu kalibrieren
- wegen nichtlinearer Verzerrungen nur für relativ kleine Bewegungsamplituden geeignet.

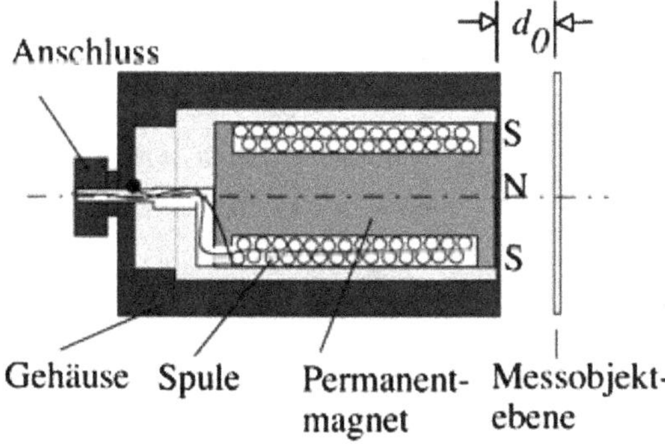

Abb. 7 Elektromagnetischer Wandler

3.2.3 Laser-Dopplervibrometer

Für eine berührungsfreie Messung bietet sich die Lasertechnik an, weil sie die vielen Einschränkungen des oben beschriebenen elektromagnetischen Wandlers nicht aufweist Laservibrometer sind allerdings im Vergleich mit den bisher beschriebenen Wandlertypen wesentlich aufwendiger was den mechanisch, optischen Aufbau und die Signalaufbereitung angeht und sind damit in der Anschaffung entsprechend teuerer. Abb. 8 zeigt das Messprinzip. Ein kohärenter Laserstrahl (Wellenlänge z. B. 63,3 nm) wird optisch in einen Referenz- und einen Messstrahl aufgesplittet. Letzterer wird auf das Messobjekt gerichtet, welches einen entsprechend reflektierten Anteil zurücksendet Durch Vergleich der beiden Strahlen (Interferenz) und entsprechender Signalverarbeitung unter Ausnutzung der Dopplerfrequenz-Verschiebung lässt sich unter anderem die Oberflächenschnelle des Messobjektes extrahieren. Laser mit mehr als einem Strahl eignen sich auch für die Erfassung von Momenten oder Rotation. Die klassische Laserholografie ermöglicht darüber hinaus die flächenhafte Erfassung von Strukturschwingungen.

Vorteile:

- berührungslose Messung
- Hohe Dynamik (80 dB)
- Breiter Messfrequenzbereich bis 20 kHz

Nachteile:

- Oberfläche des Messobjektes muss das Laserlicht reflektieren können
- Anschaffungskosten relativ hoch
- mechanische Abmessungen von Geräten nicht klein.

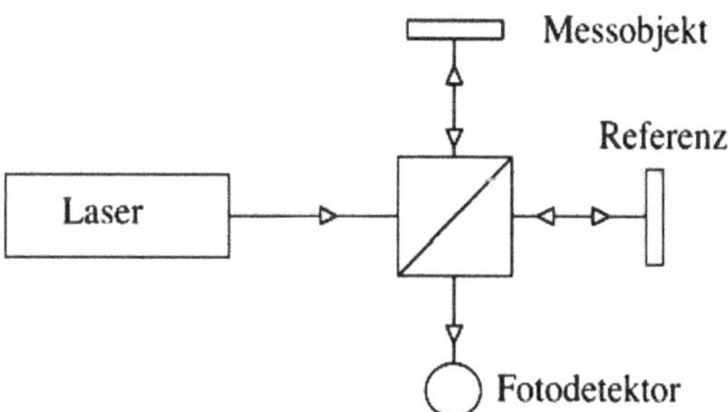

Abb. 8 Prinzip des Laser-Dopplervibrometers (Michelson Interferometer)

3.3 Beschleunigungswandler

3.3.1 Elektromagnetischer Wandler

Bei diesem ebenfalls induktiven Prinzip, Abb. 9, induziert eine in einem Luftspalt elastisch aufgehängte polarisierte Masse eines Dauermagneten (seismische Masse) eine Wechselspannung in der umgebenden konzentrischen Spule. Wenn diese Spule in Form eines Differenzialtransformators (zwei Enden, eine Mittelanzapfung) als Teil einer Wheatstonschen Brücke geschaltet wird, ist die resultierende elektrische Ausgangsspannung proportional zur äußeren Beschleunigung. Der Differenzialtransformator übernimmt dabei die Differenziation der Induktionsspannung. Mechanisch muss das System hoch abgestimmt sein, ausnutzbar ist ein Frequenzbereich unterhalb etwa einem Drittel der Resonanzfrequenz. Die Vor- und Nachteile entsprechen weitgehend denen des induktiven Wandlers.

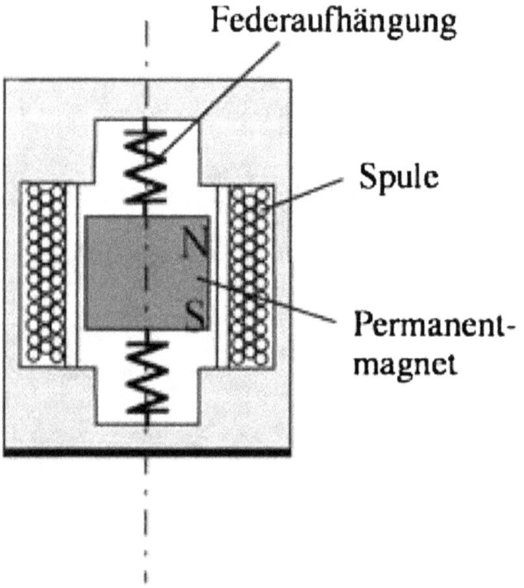

3.3.2 Piezoelektrischer Wandler

Wenn eine gerichtete äußere Kraft ein piezoelektrisches Material (Quarz, bestimmte Keramiken) dehnt, staucht oder schert, treten aufgrund der damit verbundenen Verzerrungen im Kristallgitter äußere elektrische Ladungen auf, die in weiten Grenzen der aufgewendeten Kraft proportional sind. Ladungen lassen sich auf der Basis des Coulombschen-Gesetzes in elektrische Spannungen umwandeln.

Der Piezoeffekt lässt sich in der Körperschallmesstechnik für Kraftmesswandler ebenso ausnutzen, wie für Beschleunigungssensoren. Beim zuletzt genannten Wandlertyp übt eine sog. seismische Masse m bei äußerer Beschleunigung a eine entsprechende Kraft F auf das Piezoelement aus, die entsprechend dem Newton'schen Grundgesetz der Beschleunigung proportional ist ($F = m \cdot a$) ist. Den Prinzipaufbau eines sog. Kompressionstypen zeigt Abb. 10. Die entstehenden Ladungsverschiebungen werden mittels auf den Piezoelementen aufgedampften Metallelektroden abgenommen und in einer nachfolgenden Elektronik als elektrisches Signal weiter verarbeitet Mechanisch entspricht der Aufbau einem Masse (Basis + Struktur) – Feder (Piezoelement) – Masse (seismisch) – System, die dabei auftretende mechanische Resonanzfrequenz begrenzt i. a. den nach oben nutzbaren Frequenzbereich.

Abb. 9 Elektromagnetisches Wandlerprinzip für Beschleunigungsmessung

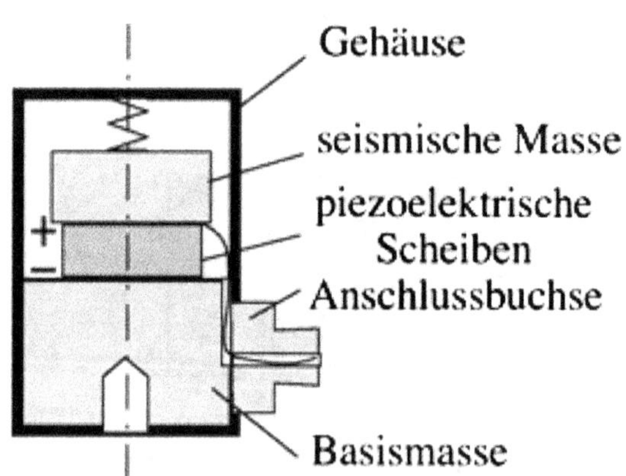

Abb. 10 Schematischer Aufbau (Schnitt) eines Beschleunigungssensors (Kompressionstyp)

Vorteile:

- hohe Dynamik (160 dB)
- keine beweglichen Teile
- je nach Bauform großer Frequenzbereich und große Empfindlichkeit
- kleine sehr leichte Bauformen möglich
- in allen drei Raumrichtungen montierbar
- hohe Stabilität der Eigenschaften

Nachteile:

- Hochohmigkeit erfordert entsprechende Signalaufbereitung
- keine wirkliche statische Messung
- möglicher störender Einfluss durch äußere Temperaturgradienten.

3.3.3 Kapazitiver Wandler

Als Bauformen kennt man scheibenförmige „mechanische Luft-Kondensatoren", bestehend aus parallelen Elektroden mit kontrolliertem Abstand, zwischen denen aufgrund äußerer Beschleunigungen über eine seismische Masse die Luftspaltweite und damit die Kapazität verändert wird.

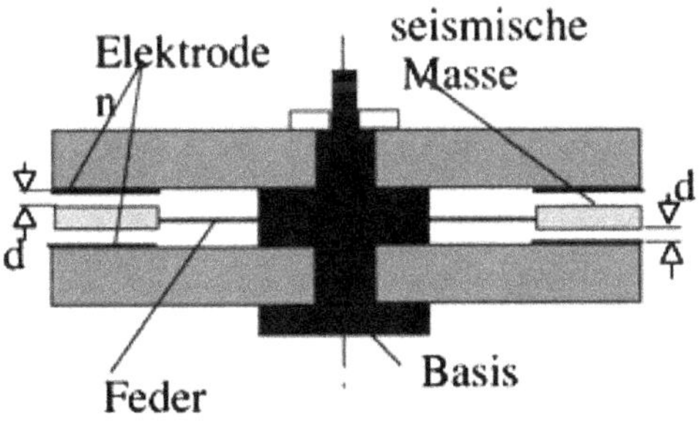

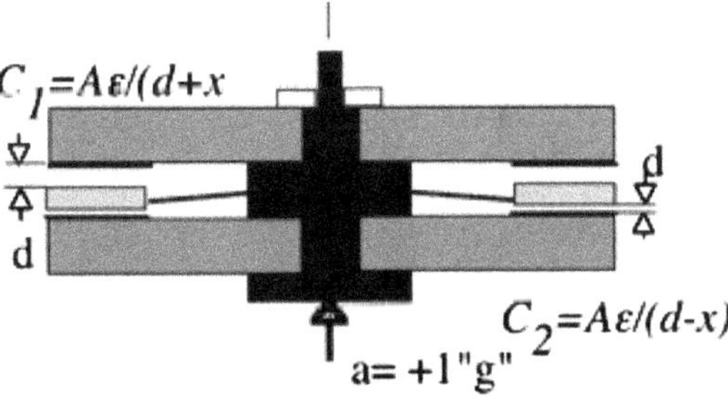

Abb. 11 Prinzipieller Aufbau eines kapazitiven Wandlers. Oben: Ruhezustand, unten: Beschleunigung mit 1 „g". *C* Kapazität, *A* Elektrodenfläche, ε Dielektrizitätskonstante, *d* Luftspaltweite, *x* Auslenkung der seismischen Masse

Die Abb. 11 zeigt ein Bespiel mit den beiden Fällen Ruhezustand und beschleunigter Zustand. Die beiden gegenläufigen Kapazitätsänderungen werden durch Einbau der Wandlerkapazitäten in eine elektrische Brückenschaltung ausgewertet und liefern ein entsprechendes elektrisches Signal.

Vorteile:

- Messung auch quasistatischer Beschleunigungen
- hohe Empfindlichkeit
- eingebaute Elektronik möglich
- potenzialfreies Gehäuse.

Nachteile:

- benötigt externe elektrische Versorgungsspannung
- Nullabgleich vor jeder Messung nötig
- Frequenzbereich auf tiefe Frequenzen beschränkt (z. B. 0 bis 150 Hz)
- eingeschränkte Messdynamik
- möglicher Einfluss von Streu- oder Kabelkapazitäten.

3.3.4 Piezoresistiver Wandler

Unter piezoresistiv versteht man den Effekt, dass bestimmte Halbleitermaterialien, i. a. werden Siliziumkristalle verwendet, ihren spezifischen elektrischen Widerstand unter dem Einfluss mechanischer Deformation, genauer mechanischer Spannungen, verändern. Historisch ist dieses die Technik der Dehnmessstreifen. Um diesen Effekt auch als Wandler für Beschleunigungssensoren nutzen zu können, benötigt man Hilfskonstruktionen. Am meisten verbreitet ist einer oder mehrere eingespannte Biegebalken mit einer seismischen Masse am Ende. Wird solch eine Anordnung beschleunigt, verbiegen die der Beschleunigung proportionalen Kräfte der seismischen Masse diese Balken und damit auch die auf ihnen applizierten Halbleiterelemente, Abb. 12. Durch Anordnung mehrerer piezoresistiver Elemente in verschiedenen Richtungen, lassen sich relativ einfach auch Beschleunigungen in allen Koordinatenrichtungen messen. Die elektrischen Signale werden in entsprechenden Widerstandsmessbrücken ausgewertet. Eine typische Anwendung außerhalb der Akustik ist der Einsatz im Automobil als Airbagdetektor.

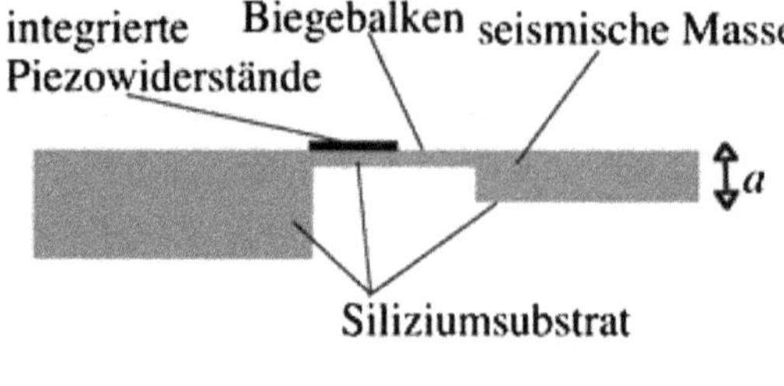

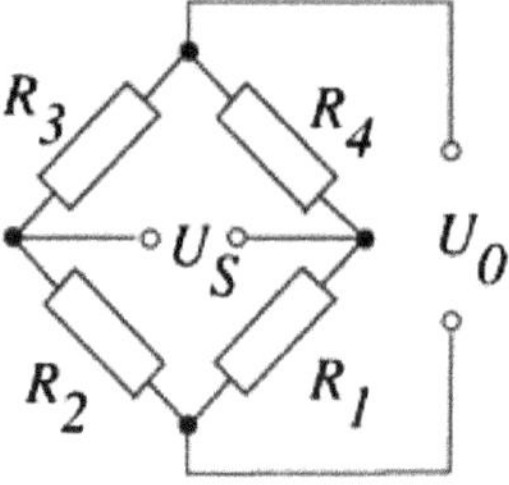

Abb. 12 Prinzip eines 1-dimensionalen piezoresistiven Beschleunigungswandlers und Signalspannungsauswertung in einer Widerstands-Messbrücke. U_0 Versorgungsspannung, U_S Signalspannung, R_{1-4} Piezo- und externe Brückenwiderstände

Vorteile:

- integrierter kompakter und leichter Aufbau auf einem Chip, eignet sich insbesondere für Prozessautomatisierung und biodynamische Anwendungen (Robotik)
- relativ hohe Empfindlichkeit (einige mV/„g")
- breiter Frequenzbereich (einige tausend Hertz bis hinunter zu statischen Messungen)
- unkomplizierte Signalaufbereitung
- geringe innere Dämpfung und damit auch wenig Phasenverfälschungen
- keine Anfälligkeit gegenüber Streu- oder Kabelkapazitäten.

Nachteile:

- benötigt externe elektrische Versorgungsspannung
- relativ großer Messfehler (typisch 5 bis 10 %)
- Offsetspannungen erfordern Nullabgleich
- Temperaturabhängigkeiten (ein ΔT von 5 °C verursacht etwa 1 % Änderung in der Empfindlichkeit) und Querempfindlichkeiten senkrecht zur Vorzugsrichtung können durch geeignete Sensorgeometrien vermindert werden.

4 Piezoelektrische Wandler

4.1 Beschleunigungssensor

Die in der Praxis des Körperschalls am häufigsten erfasste Messgröße ist die Beschleunigung. Aufgrund ihrer einfachen Handhabung und ihrer universellen Eigenschaften werden dazu meist Sensoren verwendet, die den piezoelektrischen Effekt ausnutzen, siehe auch Abschn. 3.3.

4.1.1 Piezoelektrischer Effekt

Darunter versteht man die Eigenschaft bestimmter Kristalle bei gerichteter Verformung ihres Atomgitters durch eine dynamische Kraft nach außen ableitbare elektrische Ladungsverschiebungen zu erzeugen, dieser Effekt wurde 1880 erstmals von den Brüdern CURIE an Turmalinkristallen beobachtet, Abb. 13. Erfolgt die Verformung in der Kristallvorzugsrichtung ist der Piezoeffekt maximal. Diese Wirkung ist auch umkehrbar, d. h. durch Anlegen elektrischer Spannung erreicht

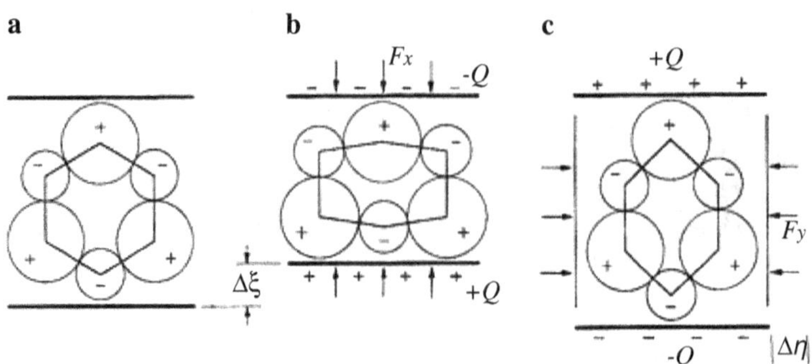

Abb. 13 Piezoelektrischer Effekt, Prinzip, **a** Undeformierter Zustand inneres Ladungsgleichgewicht, **b** Verformung (Zusammendrückung oder Auseinanderziehen) in Vorzugsrichtung, **c** Verformung senkrecht zu b (Querkontraktion). $F_{x,y}$ deformierende Kräfte, $\pm Q$ Ladungen, $\Delta\xi$, Verformung in x-Richtung, $\Delta\eta$ Verformung in y-Richtung. (©Springer Verlag)

man eine Verformung des Kristallgefüges. Auf diesem sog. reziproken piezoelektrischen Effekt basieren Piezoaktuatore, diese erzeugen hohe Kräfte bei kleinen Auslenkungen.

Neben den im Bild gezeigten klassischen Verformungstypen longitudinal und transversal lassen sich je nach Kristallgefüge und Kraftangriffsrichtungen auch Ladungsverschiebungen durch Scherverformung oder auch Biegung erzeugen, was sich in den verschiedenen Bauformen von Beschleunigungssensoren niederschlägt.

4.1.2 Piezoelektrische Materialien

Die Verwendung verschiedener Materialien ist üblich. Neben Quarz finden auch polykristalline Keramiken wie Barium-Titanat oder Blei-Zirkonat-Titanat Verwendung. Bei den Keramiken muss allerdings im Gegensatz zu den einkristallinen Quarzen, das piezoelektrische Verhalten durch künstliche Polarisation erzeugt werden. Dabei wird das Material oberhalb der Curie-Temperatur in ein polarisierendes elektrisches Feld gebracht. Nach Abkühlen unter die Curie-Temperatur bleibt diese Polarisation im Kristall erhalten. Sie würde erst dann wieder verloren gehen, wenn das Material erneut über die Curie-Temperatur erwärmt werden würde. Beide Materialtypen haben Vor- und Nachteile. Die piezoelektrischen Kennwerte wie Empfindlichkeit sind bei Keramiken deutlich größer als bei Quarzen, allerdings sind sie stärker von der Temperatur abhängig. Auch können sich die Eigenschaften der Keramiken durch Alterung stärker verändern.

4.1.3 Elektromechanische Betrachtungen

Mechanisch betrachtet ist jedes Piezomaterial ein dreidimensionaler elastischer Körper, für den sich die bekannten Grundgleichungen aufstellen lassen, wobei für genügend kleine Deformationen von linearen Zusammenhängen ausgegangen werden kann. Zur vollständigen Beschreibung gehören jeweils drei gekoppelte mechanische Normal- und Schubspannungen, die mit den Deformationen in den drei Koordinatenrichtungen über den Elastizitäts- und Schubmodul bzw. der Querkontraktion verknüpft sind (verallgemeinertes Hook'sches

Gesetz). Global gesehen, lässt sich ein Piezoelement ersatzweise mit einer entsprechenden Federsteife beschreiben.

Elektrisch stellt ein Piezoelement mit applizierten Elektroden einen aktiven Kondensator mit einer entsprechenden Kapazität und einem hohen Isolationswiderstand dar, wobei das Piezomaterial das Dielektrikum bildet. Bei Anlegen einer Spannung baut sich zwischen den Elektroden ein entsprechendes elektrisches Feld auf.

Der Piezoeffekt konvertiert nun entweder beim Sensor eine mechanische Spannung, σ in eine elektrische Ladungsverschiebung D (direkter Effekt) oder aber beim Aktuator ein angelegtes elektrisches Feld E in mechanische Deformationen (inverser Effekt). Die jeweilige Kopplung lässt sich mittels linearer Koeffizienten, den sog. piezoelektrischen Konstanten d beschreiben.

Die nachfolgenden Betrachtungen beschränken sich der Übersicht halber auf den direkten piezoelektrischen Effekt. Allgemein hat man es mit sechs gekoppelten mechanischen Spannungszuständen zu tun. Aus diesem Grund werden die Gleichungen in Matrixform geschrieben, dabei verknüpft man einen bestimmten mechanischen Spannungstensor mit einer bestimmten Vektorkoordinate der elektrischen Verschiebungsdichte oder auch Polarisation P. Man erhält

$$D_k = d_{kij} \cdot \sigma_{ij} \quad (i,j,k = 1,2,3)$$
$$\left[\mathrm{pC/m}^2\right] = \left[\mathrm{pC/N} \cdot \mathrm{N/m}^2\right] \qquad (16)$$

Für jedes piezoelektrische Material existieren also 18 Koeffizienten, wobei einige Struktur bedingt gleich Null sein können. Das Beispiel der Tab. 1 zeigt die Koeffizienten von Quarz.

d_{kij} hängt vom Material und seiner Form, aber auch von der Orientierung der angreifenden Kräfte bezüglich der Orientierung des Kristallgitters (bzw. Polarisationsrichtung bei keramischen Materialien) ab. d_{11}, d_{22}, d_{33} beschreiben den sog. Longitudinaleffekt, bei dem die Normalspannung eine zu ihr parallele Polarisation verursacht. Die Koeffizienten d_{12}, d_{13}, d_{21}, d_{23}, d_{31}, d_{32} stehen für einen transversalen Effekt, bei dem die Normalspannung eine zu

Tab. 1 Piezoelektrische Koeffizienten von α-Quarz (20 °C)

	σ_{xx}	σ_{yy}	σ_{zz}	σ_{yz}	σ_{zx}	σ_{xy}
D_x	d_{11}	$d_{12} = -d_{11}$	$d_{13} = 0$	d_{14}	$d_{15} = 0$	$d_{16} = 0$
D_y	$d_{21} = 0$	$d_{22} = 0$	$d_{23} = 0$	$d_{24} = 0$	$d_{25} = -d_{14}$	$d_{26} = -2d_{14}$
D_z	$d_{31} = 0$	$d_{32} = 0$	$d_{33} = 0$	$d_{34} = 0$	$d_{35} = 0$	$d_{36} = 0$

ihr senkrecht stehende Polarisation erzeugt, d_{14}, d_{25}, d_{36} beschreiben den longitudinalen Schubeffekt, d. h. die Polarisation steht senkrecht zur Schubspannungsachse, während der transversale Schubeffekt durch die Konstanten d_{15}, d_{16}, d_{24}, d_{26}, d_{34}, d_{35} bestimmt wird. Entsprechend dieser Zuordnung gibt es in der Praxis Sensoren, die beispielsweise als sog. Dickenschwinger (longitudinal), als Schub- (Scher) Schwinger oder aber als Biegeschwinger aufgebaut sind, Abb. 14, s. auch [15].

Die einzelnen Materialien haben ihre Vorzugsrichtungen, was in der Größe des Koeffizienten zum Ausdruck kommt, als Beispiel diene wiederum der oben erwähnte Quarz, bei dem $d_{11} = 2{,}3 \times 10^{-12}$ C/N und $d_{14} = 0{,}67 \times 10^{-12}$ C/N sind.

Zur weiteren Herleitung eines typischen Sensorverhaltens wird im folgenden ein eindimensionaler Spannungszustand in der axialen Richtung eines scheibenförmigen Piezoelementes unter Vernachlässigung der Querdeformation vorgegeben, was zwischen zwei zylinderförmigen Massen eingebaut ist, Abb. 15 (Kompressions- oder auch Dickenschwinger genannt).

Es sei F eine äußere axiale Normalkraft, die gleichmäßig über die Fläche S verteilt ist. Demzufolge hat man es mit einem homogenen mechanischen Spannungszustand mit einer entsprechenden homogenen Deformation des Piezoelementes zu tun. Aufgrund des direkten Piezoeffektes wird dann ebenfalls eine homogene Ladungsdichteverschiebung erzeugt. Der einzige Maß gebende Spannungstensor am Piezoelement ist demnach

$$\sigma_{xx} = \frac{F_x}{S} \qquad (17)$$

mit der Elementfläche $S = \pi \cdot r_S^2$ in [m²].

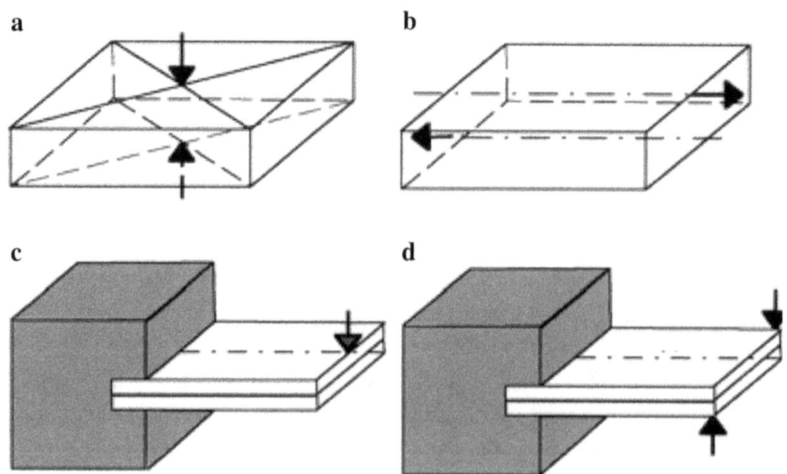

Abb. 14 Beispiele von Piezoelementformen mit ihrem Deformationstyp. **a** plattenförmig, longitudinale Verformung; **b** plattenförmig, Schubdeformation; **c** bimorpher Biegebalken, transversale Biegung; **d** Biegebalken, Torsionsverformung

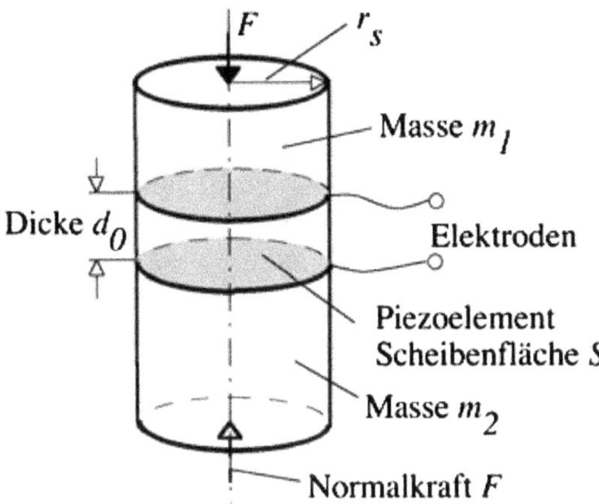

Abb. 15 Prinzipaufbau eines einachsigen piezoelektrischen Kraftsensors

Die elektrische Verschiebungsdichte (oder auch Polarisation) ergibt sich mit dem entsprechenden piezoelektrischen Koeffizienten zu

$$D_x = d_{11} \cdot \sigma_{xx}. \qquad (18)$$

Die dazugehörende erzeugte elektrische Ladung, Q in Coulomb $[C] = [As]$, erhält man durch Multiplikation mit der Elementfläche

$$D_x \cdot S = d_{11} \cdot \sigma_{xx} \cdot S \qquad (19)$$

zu

$$Q_x = d_{11} \cdot F_x. \qquad (20)$$

Die erzeugte Ladung ist also der wirkenden Normalkraft proportional, weshalb man es hier mit dem Prinzipaufbau eines Kraftsensors zu tun hat. d_{11} mit der Dimension $[pC/N]$ ist die spezifische Kenngröße des Piezomaterials und bestimmt die Ladungsempfindlichkeit des Sensors.

Führt man die Kapazität, C in Farad $[F] = [As/V]$ oder $[pF] = [10^{-12}F]$, des Piezoelementes ein, lässt sich die erzeugte Ladung mithilfe des Coulombsches Gesetzes auch über die elektrische Spannung u ausdrücken

$$Q_x = C \cdot u = d_{11} \cdot F_x \qquad (21)$$

mit $C = \varepsilon \cdot S / d_0$, $\varepsilon = $ Dielektrizitätskonstante (z. B. $\varepsilon_{\text{Quarz}} = 3{,}8...5$ pF/cm); $S = $ Elektrodenfläche; $d_0 = $ Elektrodenabstand $= $ Dicke des Piezoelementes.

Damit erhält man einen Ausdruck für die abgegebene Spannung in Volt zu

$$u = \frac{d_{11}}{C} \cdot F_x. \qquad (22)$$

Den Faktor d_{11}/C mit seiner Dimension $[V/N]$ bezeichnet man auch als Spannungsempfindlichkeit. In der Literatur heißt dieser Faktor auch elektromechanischer Kopplungsfaktor oder in der Vierpoldarstellung Wandlerkonstante [3].

Beide Formen der Darstellung deuten bereits darauf hin, dass man die abgegebenen Signale des Sensors auf zweierlei Art aufbereiten kann: direkt als ladungsproportionale Größe oder aber als Spannung, siehe hierzu den nächsten Abschnitt.

Ein Beschleunigungssensor unterscheidet sich von dem oben gezeigten Kraftsensorprinzip nun prinzipiell dadurch, dass sich die obere Masse m_1 als sogenannte seismische Masse frei bewegen kann und die untere Masse m_2 als Basismasse mit der schwingenden Struktur fest verbunden ist. Wird dieses Gebilde durch die Struktur beschleunigt, übt die seismische Masse entsprechend dem Newton'schen Grundgesetz auf das Piezoelement eine der Beschleunigung, a in $[m/s^2]$, proportionale axiale Kraft

$$F_x = m_1 \cdot a \qquad (23)$$

aus, solange die resultierende Masse aus Struktur und m_2 viel größer ist als m_1.

Die oben hergeleiteten Formeln werden entsprechend modifiziert. Für die abgegebene Ladung ergibt sich

$$Q_x = d_{11} \cdot m_1 \cdot a \qquad (24)$$

oder für die aufzubereitende Spannung

$$u = \frac{d_{11}}{C} \cdot m_1 \cdot a. \qquad (25)$$

Der Faktor $d_{11} \cdot m_1$ hat nun die Dimension [pC/ms²] und bestimmt die Ladungs- Beschleunigungsempfindlichkeit, während der Faktor $(d_{11}/C) \cdot m_1$ mit der Dimension [V/ms²] die Spannungs-Beschleunigungsempfindlichkeit angibt. Die Faktoren zeigen, dass die Höhe der Ausgangssignale von der Größe der seismischen Masse abhängt, was bedeutet, dass Bauformen mit größeren Massen generell empfindlicher sind.

4.1.4 Übertragungseigenschaften von Beschleunigungssensoren und Einfluss der Signalaufbereitung

Da die im letzten Abschnitt hergeleiteten Empfindlichkeitsfaktoren Konstanten sind, hat man es zunächst mit idealen Wandlereigenschaften zu tun. Dennoch gibt es eine ganze Reihe von Einflüssen, insbesondere auf die Frequenzabhängigkeit.

Mechanisches Ersatzbild (Obere Frequenzgrenze)

Piezowandler sind i. a. sog. mechanisch hoch abgestimmte Systeme, d. h. die obere Grenze des Übertragungs-Frequenzganges wird durch die Teilmassen Gehäuse (Basis), m_B, und seismische Masse, m_s, sowie durch die zwischen beiden liegende mechanische Steifigkeit, S_P, des Sensorelementes bestimmt. Die sich damit ergebende Resonanzfrequenz errechnet sich bei Vernachlässigung der Dämpfung nach der bekannten Formel zu

$$f_{res} = \frac{1}{2\pi} \sqrt{\frac{s_P \cdot (m_s + m_B)}{m_s \cdot m_B}}. \tag{26}$$

Wird der Sensor auf eine gegenüber der seismischen Masse sehr große Masse (theoretisch unendlich) über eine starre Verbindung appliziert, bedeutet das

$$m_\infty + m_B \gg m_s \tag{27}$$

und eine Resonanzfrequenz

$$f_{res,\infty} = \frac{1}{2\pi} \sqrt{\frac{s_P}{m_s}}. \tag{28}$$

Diese Frequenz bestimmt den nach oben theoretisch ausnutzbaren Frequenzbereich.

Die komplexe Übertragungsfunktion über der Frequenz $T_a(f)$ errechnet sich aus den strukturdynamischen Zusammenhängen eines Masse-Feder-Masse Systems mithilfe von komplexen mechanischen Admittanzen folgendermaßen:

$$T_a(f) = \frac{a_s(f)}{a_B(f)} = \frac{Y_{m_s}(f)}{Y_{m_s}(f) + Y_{S_P}(f) + Y_{m_B}(f)} \tag{29}$$

a_s Beschleunigung der seismischen Masse

a_B Beschleunigung der Basismasse

$Y_{m_s}(f) = 1/j\omega m_s$ Admittanz der seismischen Masse

$Y_{S_P}(f) = j\omega/s_P$ Admittanz des (masselosen) Piezoelementes

$Y_{m_B}(f) = 1/j\omega m_B$ Admittanz der Basismasse.

Wie man der Formel leicht ansieht, ist die Übertragungsfunktion bei tiefen Frequenzen unter der Voraussetzung $m_B \gg m_s$ annähernd 1, weil dann die Admittanz der Basismasse viel kleiner ist, als die der seismischen Masse und die Admittanz der Feder bei tiefen Frequenzen (LF) grundsätzlich klein ist, sodass beide im Nenner vernachlässigt werden können:

$$T_{a,LF}(f) = \frac{a_s(f)}{a_B(f)} \cong \frac{Y_{m_s}(f)}{Y_{m_s}(f)} = 1. \tag{30}$$

Bei hohen Frequenzen (HF) dominiert hingegen die Admittanz der Feder

$$Y_{S_P}(f) \gg Y_{m_s}(f) + Y_{m_B}(f) \tag{31}$$

und da sie im Nenner steht wird

$$T_{a,HF}(f) = \frac{a_s(f)}{a_B(f)} \ll 1. \tag{32}$$

Zwischen den beiden Frequenzbereichen liegt die weiter oben beschriebene Resonanzfrequenz, die je nach Dämpfung des Federelementes verschieden stark ausgeprägt sein kann, s. Abb. 19.

Elektrische Einflüsse (Untere Frequenzgrenze)

Wie bereits weiter oben erwähnt, lassen sich mithilfe des Coulombschen Gesetzes entweder die elektrischen Spannungs- oder die Ladungsänderungen des Piezoelementes aufbereiten.

Spannungsaufbereitung
Das Ersatzschaltbild einer üblichen Spannungs-Vorverstärkung zeigt Abb. 16.

Die an den Ausgangsklemmen messbare Spannung ergibt sich aus der Quellenspannung des Piezoelementes über die Spannungsteilerformel zu:

$$u_A = \frac{C_P \cdot u_Q}{C_P + C_{St} + \frac{(C_P + C_{St} + C_{in})}{j\omega C_{in} \cdot R_{in}}} \qquad (33)$$

u_Q Quellenspannung des Piezoelementes
u_A Ausgangsspannung des Vorverstärkers
C_P Kapazität des Piezoelementes
C_{St} Streukapazitäten (abgeschirmte Verbindungskabel u. ä.)
C_{in} Kopplungskapazität des Vorverstärkers
R_{in} Eingangswiderstand des Vorverstärkers

Der Eingangwiderstand wird üblicherweise so gewählt, dass er wesentlich hochohmiger ist, als die Blindwiderstande der Kapazitäten. Damit ergibt sich für die Ausgangsspannung näherungsweise

$$u_A \cong \frac{C_P \cdot u_Q}{C_P + C_{St}}. \qquad (34)$$

Wie man sieht, ist der Nachteil der Spannungsverstärkung, dass die Ausgangsspannung von den Streukapazitäten abhängt, also von der Länge der angeschlossenen Kabelverbindung.

Die Formel führt weiterhin auf eine Eckfrequenz im Fall der Gleichheit der ohmschen und kapazitiven Widerstände. Durch entsprechende Dimensionierung legt man diese Frequenz sinnvoller Weise an die untere Frequenzgrenze um den Messfrequenzbereich nicht unnötig einzuschränken:

$$f_u = \frac{C_P + C_{St} + C_{in}}{2\pi \cdot R_{in} \cdot C_{in} \cdot (C_P + C_{St})}. \qquad (35)$$

Auch hier ergibt sich die unschöne Eigenschaft, dass die untere Eckfrequenz von den Streukapazitäten abhängt.

Ladungsaufbereitung
Die Ladungsaufbereitung erfolgt mit Ladungsverstärkern, die im Prinzip aus einem kapazitiv rückgekoppelten Operationsverstärker bestehen, der virtuell bezüglich seines Eingangs eine negative Kapazität darstellt, Abb. 17.

Die Ausgangsspannung ergibt sich wiederum aus der Spannungsteilerformel zu

$$u_A = \frac{Q_P \cdot A}{C_P + C_{St} - C_R(A - 1)} \qquad (36)$$
$$= u_0 \cdot A$$

mit

u_A Ausgangsspannung des Vorverstärkers
A Leerlaufverstärkungsfaktor des Vorverstärkers
Q_P Ladung des Piezoelementes
C_P Kapazität des Piezoelementes
C_{St} Streukapazitäten (Kabel etc.)
$C_{in} = -C_R(A-1)$ virtuelle Eingangskapazität des Vorverstärkers
C_R Rückkopplungskapazität des Vorverstärkers
R_R Rückkopplungswiderstand des Vorverstärkers

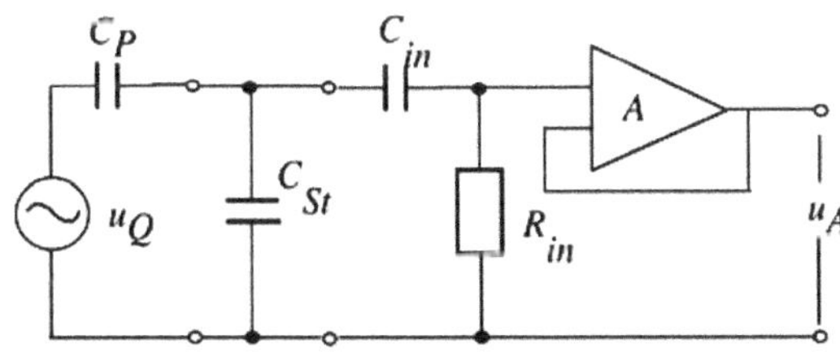

Abb. 16 Prinzip-Schaltbild der Spannungsaufbereitung eines Piezo-Beschleunigungssensors, *A* Leerlaufverstärkungsfaktor

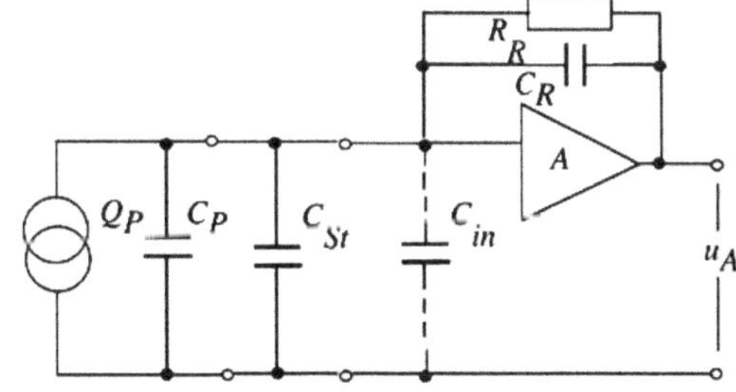

Abb. 17 Prinzipschaltbild einer Ladungsaufbereitung eines Piezo-Beschleunigungssensors

Der Vorverstärker wird nun durch eine sehr hohe Leerlaufverstärkung so dimensioniert, dass in weiten Grenzen

$$C_P + C_{St} \ll -C_R(A - 1) \qquad (37)$$

ist. Damit erhält man für die Ausgangsspannung näherungsweise

$$u_A \cong \frac{Q_P}{C_R}. \qquad (38)$$

Dieser Ausdruck ist unabhängig von Streukapazitäten, ein Vorteil dieser Art der Signalaufbereitung, der es ermöglicht, Kabel von mindestens 10 m Länge zwischen Sensor und Vorverstärker zu verwenden. Auch die untere Eckfrequenz

$$f_u = \frac{1}{2\pi \cdot R_R \cdot C_R} \qquad (39)$$

ist jetzt nur noch von der Beschaltung des Verstärkers abhängig.

Diese Vorteile der weit gehenden Unabhängigkeit von der externen Verkabelung haben dazu geführt, dass in der Praxis fast ausschließlich Ladungsverstärker anstele von Spannungsverstärkern eingesetzt werden.

IEPE Technik
Eine Variante der Spannungsaufbereitung sind Sensoren mit integrierter Mikro- Elektronik. Damit ist es möglich, das hochohmige und relativ schwache elektrische Signal direkt am Piezoelement abzunehmen, zu verstärken und in der Impedanz zu wandeln. Man erhält ein störungsfreies niederohmiges Ausgangsignal, was weitgehend unabhängig vom angeschlossenen Kabeltyp und -länge, für eine Übertragung über Distanzen von mehr als 100 m geeignet ist. Der Nachteil besteht in der Notwendigkeit einer Stromversorgung der Sensorelektronik. Diese erfolgt i. a. mit einem aufgeprägten Konstantstrom über die Signalleitung selber, ein Vorteil der die Verwendung von üblichen 2-Leiterkabeln ermöglicht, was aber bei der Auskopplung des Signals einen Koppelkondensator erfordert. Den Prinzipaufbau eines IEPE-Systems, auch ICP® (Integrated Circuit Piezoelectric), Deltatron®, Isotron® oder auch Piezotron® genannt, zeigt Abb. 18.

Die den unteren Frequenzbereich beeinflussende Knickfrequenz ergibt sich nun aus der Kapazität des Auskoppelkondensators und des Lastwiderstandes durch die anschließende Signalerfassung

$$f_u = \frac{1}{2\pi \cdot R_L \cdot C_K}. \qquad (40)$$

Als Nachteile der IEPE Technik werden manchmal das Eigenrauschen der Elektronik sowie die nach oben begrenzte Betriebstemperatur von etwa 125 °C genannt, Nachteile, die aber in der üblichen Messtechnik kaum eine Rolle spielen. Neben den oben genannten Vorteilen zeichnet sich dieses System insbesondere durch geringe Anschaffungskosten aus, was bei einer hohen Zahl von Messkanälen pro Messkanal eine bedeutende Rolle spielt. Die integrierte Elektronik ermöglicht ferner die Einstellung eines einheitlichen Übertragungsfaktor, sog. Uni-Gain®, was in der Praxis manchmal von Vorteil ist, weil Sensoren gleichen Typs innerhalb einer gewissen Genauigkeit, z. B. 2 %, einfach gegeneinander ausgetauscht werden können, ohne dass die Messkette erneut kalibriert werden muss.

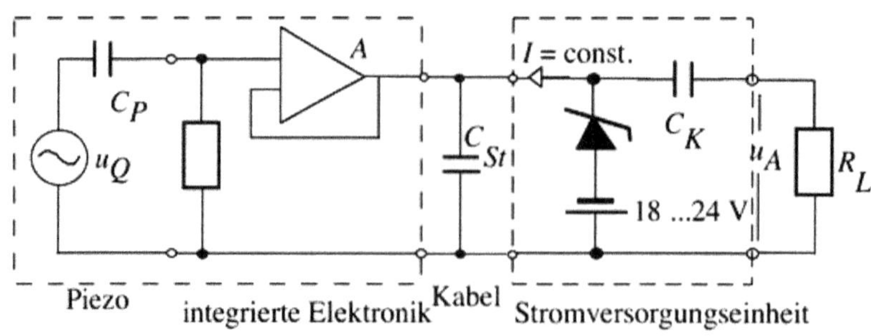

Abb. 18 Prinzipaufbau eines IEPE-Beschleunigungssensors mit Stromversorgung

Zusammenfassend ergibt sich nun das in Abb. 19 dargestellte prinzipielle Übertragungsverhalten eines piezoelektrischen Beschleunigungsaufnehmers über der Frequenz mit einer oberen Grenze durch die mechanische Resonanz und einer unteren Grenze durch die elektrische Eckfrequenz, sowie die Abhängigkeit von der Baugröße. In diesem Verhalten gleicht dieser Sensortyp dem des Kondensator- Messmikrofons.

Der nutzbare lineare Frequenzbereich hängt von der Art der Resonanzüberhöhung, also von der mechanischen Dämpfung, in Relation zur angestrebten Genauigkeit ab. Normalerweise wird eine 10 % Abweichung vom konstanten Frequenzverlauf toleriert, was in der Praxis auf eine obere Frequenzgrenze in der Größenordnung etwa des 0,3 fachen der Resonanz führt.

Die Kenntnis dieser Zusammenhänge in Verbindung mit den im folgenden dargestellten weiteren Eigenschaften, ist bei der Auswahl eines geeigneten Sensors von größter Wichtigkeit.

4.1.5 Phasengang

Der Phasengang steht für die zeitliche Verzögerung zwischen der zu messenden Beschleunigung und dem elektrischen Ausgangssignal über den gesamten relevanten Frequenzbereich.

Die Phase zwischen diesen beiden Größen sollte $0°$ sein. Eine Abweichung von diesem Wert entspricht dem Nacheilen der Bewegung der seismischen Masse gegenüber derjenigen der Gehäusebasis, eine Verzerrung tritt auf. Bei normalen Beschleunigungssensoren ist die Anforderung von annähernd $0°$ Phasenverschiebung gegeben, solange man in sich unterhalb der im vorigen Abschnitt definierten oberen Grenze von 1/3 der mechanischen Resonanz bewegt. Den Bereich der Resonanz sollte man auch hier meiden, weil dort der bekannte Phasensprung von $90°$ liegt, Abb. 20. Es sollte ferner beachtet werden, dass eine Messkette selber auch Phasenverschiebungen durch elektrische Netzwerke wie beispielsweise Filter verursachen kann.

Interessiert man sich nur für Amplitudenbeträge der Beschleunigung ist der Phasengang von untergeordneter Bedeutung, völlig anders liegen aber die Verhältnisse, wenn beispielsweise komplexe Größen wie Impedanzen und ähnliche gemessen werden sollen.

4.1.6 Linearität und Amplitudendynamik

Von einem Messsignalwandler erwartet man eine hohe Linearität zwischen der Eingangsgröße – in diesem Fall die zu messende Beschleunigung – und dem elektrischen Ausgangssignal und das

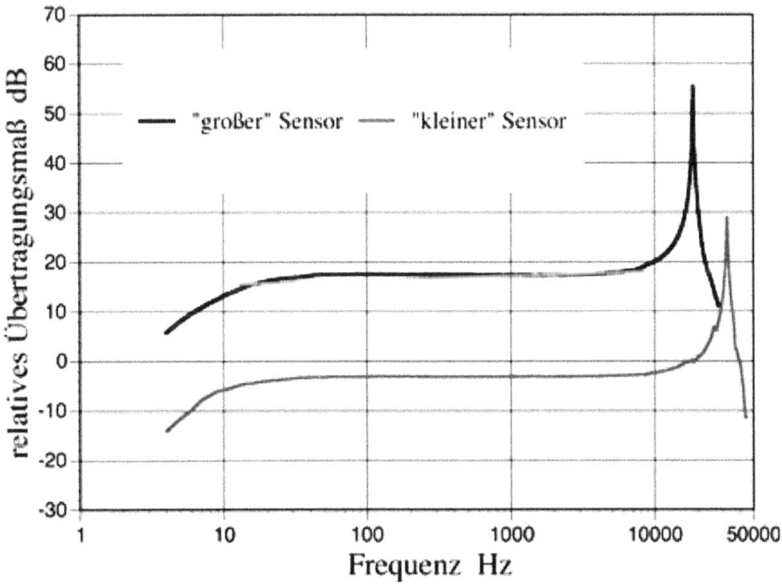

Abb. 19 Empfindlichkeit und Frequenzgang von Beschleunigungssensoren verschiedener Baugrößen im Prinzip

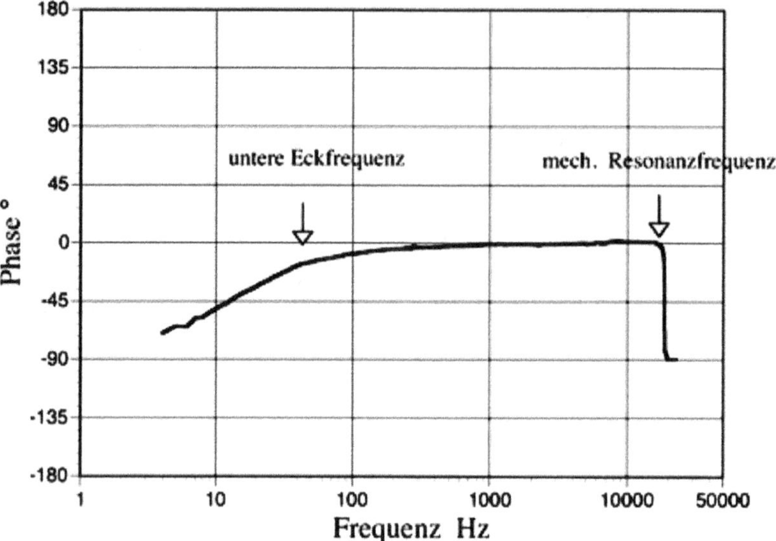

Abb. 20 Prinzipieller Phasengang eines Beschleunigungssensors in Abhängigkeit von der Frequenz

über den gesamten erforderlichen Frequenz- und Dynamikumfang.

Piezoelektrische Materialien weisen i. a. eine hervorragende Linearität über einen großen Amplitudenbereich auf, dabei ist eine Dynamik von bis zu 160 dB erreichbar, Abb. 21.

Oberhalb der zulässigen Höchstbeschleunigung fängt der Sensor an nichtlinear zu arbeiten. Liegen die Beschleunigungsamplituden deutlich über dieser Grenze, kann es zu mechanischen Schäden kommen. In der Praxis wird dieser Fall höchstens durch Schockbelastungen mit sehr hohen Beschleunigungsspitzen eintreten. Die untere Grenze wird im Wesentlichen durch die externe Beschaltung mit ihrem Eigenrauschen bestimmt.

Die hier erwähnte reine Sensordynamik von 160 dB wird in der Praxis durch die notwendige Elektronik bei der Signalaufbereitung, auch bei Sensoren mit integrierter Elektronik, selten erreicht, sie liegt in der Praxis bei modernen Messketten mit Standardsensoren in der Größenordnung von 80 bis 120 dB.

Abb. 21 Elektrisches Ausgangssignal vs. Beschleunigungseingang für einen Piezosensor (schematisch)

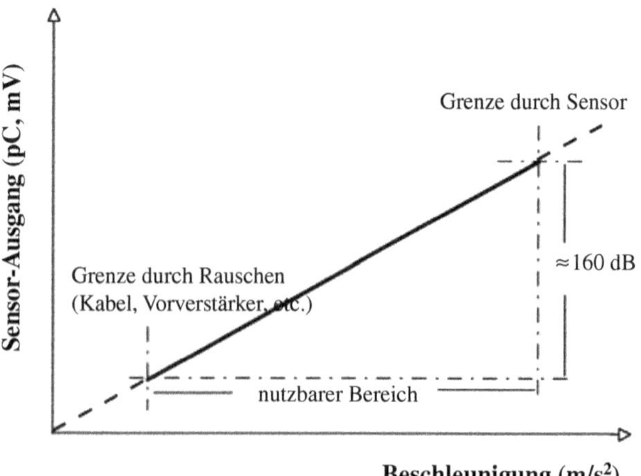

4.1.7 Verhalten bei transienten Schwingungen

Bei der Messung von transienten Schwingungen und Stößen treten kurzzeitige Effekte auf, die das Messsignal verfälschen können. Dabei spielt die Linearität und der Frequenzgang der gesamten Messkette eine besondere Rolle, d. h. neben dem Verhalten des Piezo-Beschleunigungsaufnehmers selber können insbesondere der Vorverstärker oder ein verwendetes Filter von Einfluss sein [6].

Ladungsverlust

In Abb. 22 sieht man die typische Verzerrung eines quasistatischen annähernd rechteckförmigen Beschleunigungsimpulses, wie er beispielsweise bei einem Raketenstart oder in einem schnellen Lift auftreten kann. Die Verzerrung entsteht, wenn der Beschleunigungsaufnehmer und die Signalaufbereitungselektronik in einem unzulässigen Frequenzbereich betrieben werden.

Inwieweit die Ausgangsspannung solch einem Signal folgen kann, hängt nämlich von den Zeitkonstanten der Messkette ab, die durch den Beschleunigungssensor selber und den die untere Grenzfrequenz bestimmenden RC-Gliedern in der Vorverstärkung gegeben ist. Denn bei einem derartigen Beschleunigungssignal wird aufgrund des kapazitiven Verhaltens eine statische Ladung an der Oberfläche des piezoelektrischen Elementes gespeichert, wobei der hohe Isolationswiderstand zunächst das Abfließen verhindert. Wenn nun die Zeitkonstante der Messkette nicht dem Signal angepasst ist, wird bereits Ladung abfließen, bevor das transiente Signal wieder abfällt (Punkte A und B). Tritt dieser Abfall dann ein, erfolgt eine entsprechend hohe Ladungsänderung, die in diesem Fall unter die Nulllinie springt (Punkt C) und danach durch die endliche Zeitkonstante exponentiell auf den Nullwert zurückgeht (Punkt D).

Dieses Verhalten führt vor allem zu Fehlern bei der Messung des Scheitelwertes. Der Fehler ist kleiner 5 %, wenn die untere Frequenzgrenze der Messkette (-3 dB Wert) bei Rechtecksignalen mindestens $0{,}008/T$ und bei halbsinusförmigen Beschleunigungsvorgängen $0{,}05/T$ ist, dabei bedeutet T die Dauer des jeweiligen transienten Signals in Sekunden.

Damit auch die hohen Frequenzanteile solcher kurzzeitigen Signale richtig gemessen werden, darf die obere Grenzfrequenz ebenfalls nicht zu niedrig eingestellt sein. Die gesamte erforderliche Frequenzbandbreite einer Messkette kann der Abb. 23 entnommen werden, dabei handelt es sich um Herstellerempfehlungen.

Nachklingen

Das sog. Nachklingen entsteht, wenn die Frequenzinhalte eines Transienten so hoch sind, dass sie die Resonanzfrequenz des Beschleunigungssensors anregen. Die dabei auftretende Signalverzerrung ist in Abb. 24 dargestellt. Dieser Effekt kann also dann auftreten, wenn der gewählte Aufnehmer keine ausreichende Frequenzbandbreite hat.

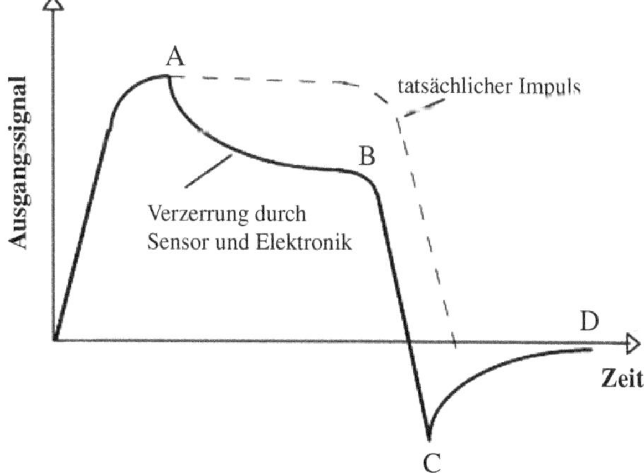

Abb. 22 Verzerrung eines quasistatischen Beschleunigungsimpulses aufgrund von Ladungsverlust

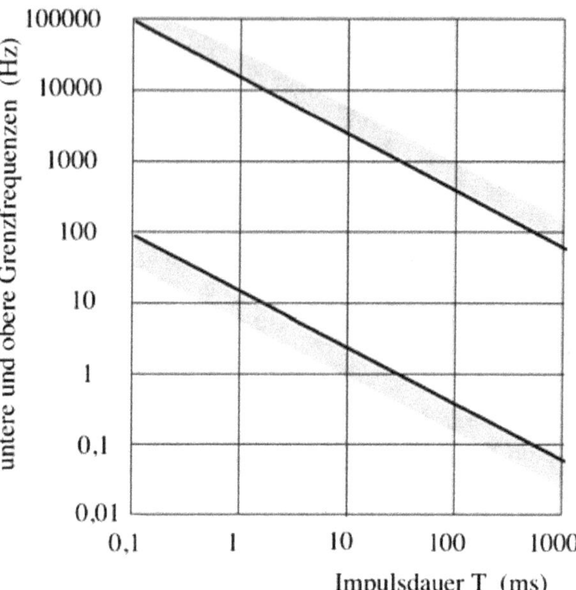

Abb. 23 Empfohlene obere und untere −3 dB Grenzfrequenzen fur die Messung von transienten Beschleunigungssignalen der Dauer T für einen Scheitelwert-Messfehler von 5 %

Nachklingen verursacht ebenfalls Fehler bei der Messung des Scheitelwertes. Für einen Messfehler von weniger als 5 % sollte die Resonanzfrequenz des Beschleunigungsaufnehmers in montiertem Zustand $f_{res,M}$ höher liegen als 10/T, wobei T die Dauer des transienten Signals in Sekunden bedeutet.

Abhilfe schaffen kann der Einsatz von Filterung entweder durch ein mechanisches Filters (s. Abschn. 4.2) zwischen schwingender Struktur und Sensor oder durch ein Tiefpassfilter bei der Vorverstärkung. Im zweiten Fall sollte die −3 dB Grenzfrequenz des Filters etwa bei der Hälfte der Resonanzfrequenz des Aufnehmers im montiertem Zustand liegen, bei einer Flankensteilheit

von 12 dB/Oktave. Der verbleibende Fehler im Scheitelwert wäre dann kleiner 10 %, wenn man eine halbsinusförmiges transientes Signal der Dauer $T = 1/f_{res,M}$ zugrunde legt.

Nullpunktverschiebung
Nullpunktverschiebungen treten auf, wenn die zu messenden Beschleunigungsamplituden von transienten Vorgängen zu Deformationen führen, die an der Grenze der mechanischen Elastizität des Piezoelementes liegen. Abb. 25 zeigt den Effekt am Beispiel eines halbsinusförmigen Impulses.

Im Grenzbereich elastischer Deformation können bei plötzlicher Entlastung nicht alle polarisierten Molekularbezirke in den Ausgangszustand vor Beginn der Belastung zurückkehren. Diese Bezirke geben dann noch weiter Ladung ab, die mit der gegebenen Zeitkonstanten der Messkette abfließt, sodass damit auch die Ausgangsspannung am Vorverstärker nur langsam gegen Null zurück geht. Dieser Effekt tritt zufällig und überdies mit zufälligem Vorzeichen auf

Die Zeit bis zum Abklingen einer solchen Nullpunktverschiebung kann um den Faktor 1000 größer sein als die Dauer des Impulses selbst

Nullpunktverschiebungen können durch die Wahl eines geeigneten Sensors oder durch den Einsatz mechanischer Filter vermieden werden.

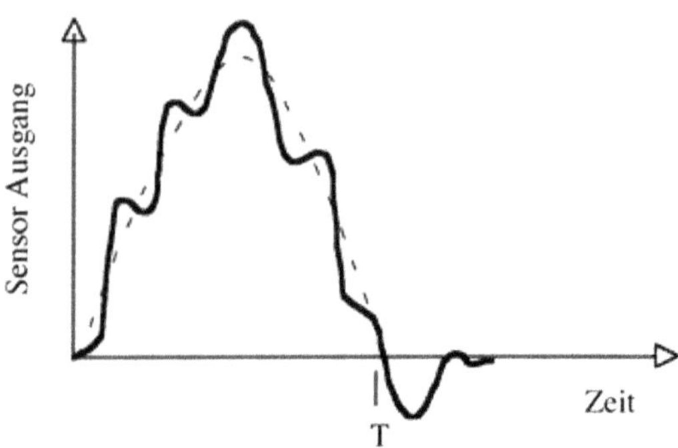

Abb. 24 Signalverzerrung durch Nachklingen

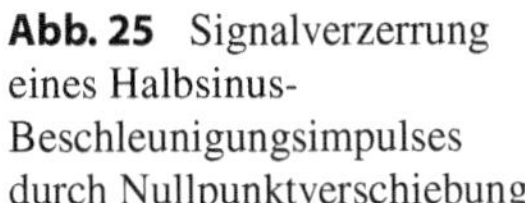

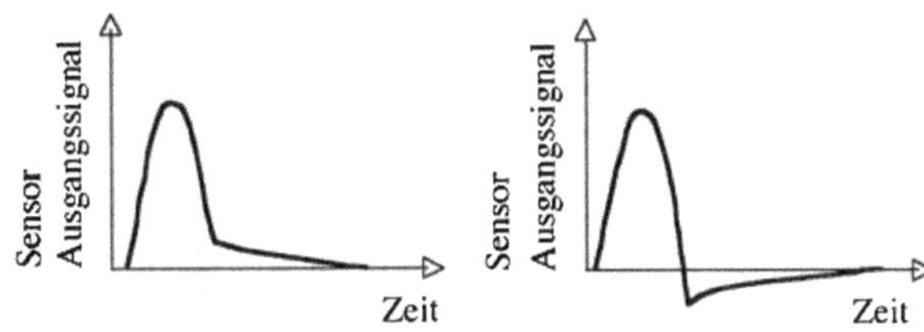

Abb. 25 Signalverzerrung eines Halbsinus-Beschleunigungsimpulses durch Nullpunktverschiebung

4.1.8 Querempfindlichkeit

Unter Querempfindlichkeit versteht man die Empfindlichkeit eines Sensors senkrecht zu seiner Haupt-Messrichtung. Dieser richtungsanhängige Effekt wird i. a. als kennzeichnende Größe im Datenblatt eines Sensors angegeben. Er ist von Bedeutung, weil er Ursache eines mit Fehlern behafteten Ausgangssignals ist, wenn beispielsweise die Querbeschleunigung einer Struktur signifikant höher ist, als die eigentliche zu messende Beschleunigung in Normalrichtung senkrecht dazu. Verstärkt wird dieser Effekt, wenn der Sensor nicht wirklich in der Hauptrichtung montiert wird. Manche Sensoren haben Markierungen der geringsten Querempfindlichkeit am Gehäuse, die eine Ausrichtung in Richtung der maximalen Querbeschleunigung der Struktur ermöglichen.

Wie in Abschn. 4.1.3 erläutert wird, haben Piezomaterialien zwar ihre Empfindlichkeits-Vorzugsrichtungen, was in der Größe der Piezokoeffizienten zum Ausdruck kommt, aber ihre Empfindlichkeiten hinsichtlich anderer Raumrichtungen sind ja nicht generell Null. In der Praxis lässt sich durch Inhomogenitäten des Piezomaterials und durch mangelnde Präzision des mechanischen Innenaufbaus nicht vermeiden, dass eine gewisse Querempfindlichkeit vorhanden ist. Diese liegt in der Praxis bei etwa 2 bis 4 %

der Hauptempfindlichkeit Darüber hinaus verursacht die Querbewegung mechanisch auch eine Querresonanzfrequenz, die nicht mit der eigentlichen Hauptresonanz übereinstimmen muss, manchmal sogar darunter liegt, wenn beispielsweise die Hauptdeformation eine Kompression ist und die Querdeformation zu einer Scherung führt. Aus diesem Grund gibt es Bauformen mit mehreren kleinen speziell angeordneten und entsprechend verdrahteten Piezoelementen, die u. a. die geschilderten Effekte klein halten können.

4.1.9 Konstruktionsvarianten

Es sind, was die Anordnung des Piezoelementes und damit die Hauptdeformationsart angeht, im Prinzip drei Bauformen gebräuchlich, Abb. 26, die alle ihre Vor- und Nachteile besitzen (s. Abschn. 4.1.3).

Dickenschwinger (Kompressionstyp)
Mit dieser konstruktiv robusten Anordnung erreicht man hohe Wandlerempfindlichkeiten. Nachteile liegen aber in der Abgabe von signifikanten Fehlersignalen bei Verformung der Basis und durch ins Gehäuse übertragenden Luftschall. Relativ große Störsignale in Form von pyroelektrischen Entladungen können bei dieser Bauform auch durch Temperaturgradienten erzeugt werden.

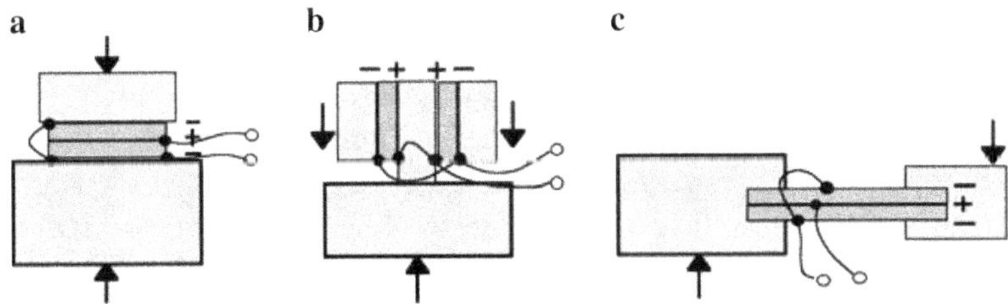

Abb. 26 Prinzipielle Bauformen von Beschleunigungssensoren. **a** Dickenschwinger, **b** Scherschwinger, **c** Biegeschwinger

Scherschwinger

Wird die wenn auch gegenüber Kompression oder Biegung geringere Scherempfindlichkeit von Piezomaterialien ausgenutzt, lassen sich Bauformen entwickeln, die die oben genannten Nachteile wie Temperaturgradientenempfindlichkeit und Abgabe von Störsignalen bei Gehäusedeformationen nicht aufweisen. Die meisten Sensoren die erhältlich sind, arbeiten nach diesem Prinzip, oft sind auch in einem Sensor mehrere kleine Piezoelemente entsprechend angeordnet und verschaltet.

Biegeschwinger

Biegeschwinger zeichnen sich durch hohe Empfindlichkeit bei geringer Masse aus, haben also auch eine hohe mechanische Resonanzfrequenz. Ihre Nachteile liegen in der mechanischen Bruchanfälligkeit und Störbeeinflussung durch Temperatursprünge.

Triaxiale Sensoren

Unabhängig vom Funktionsprinzip, werden sog. triaxiale Sensoren angeboten, die in allen drei Raumrichtungen, x, y und z, gleichzeitig messen. Im Prinzip handelt es sich dabei um drei unabhängige Sensoren, die entsprechend in einem Gehäuse angeordnet sind. Der Vorteil ist, dass die kompakte Bauform die Messung an wirklich einem Strukturpunkt ermöglicht.

4.1.10 Ankopplungseinflüsse

Einflüsse mechanischer Art

Zustand der Messstelle

Um Messfehler zu vermeiden, sollte die Messstelle im Bereich der Sensorgrundfläche so sauber und eben wie möglich sein. Starke Wölbungen und Rauheiten oder mit Fetten behaftete Stellen sind ungeeignet. Die Messstelle muss ferner repräsentativ für die zu messende Schwingung sein. Dieses bedeutet, dass der Übertragungsweg zwischen Schwingungsquelle und Messpunkt so kurz und steif wie möglich sein muss, nachgiebige Teile wie Bleche oder Verkleidungen außerhalb des Kraftflusses, soweit sie nicht selber im Blickpunkt stehen und dämpfende Elemente wie Dichtungsringe sollte

man ausschließen. Bei Maschinen mit rotierenden Achsen sind i. a. die Lagergehäuse als Messstelle geeignet, andernfalls bietet sich der Einsatz von Laservibrometern an.

Was die Größe der Messfläche angeht, so sollte diese klein zur Strukturwellenlänge sein, insbesondere wenn es sich um zu messende Biegeschwingungen handelt.

Montageart

Wichtig in Hinblick auf die Messung hoher Frequenzen ist eine mechanisch möglichst steife Befestigung des Sensors am Messobjekt. Der Grund dafür ist, dass mechanische Verbindungen Federsteifen repräsentieren, die je nach Steifigkeit mehr oder weniger Bewegungen „schlucken" können und somit der Sensor einer geringeren Beschleunigung ausgesetzt ist, als die Struktur ursprünglich aufweist. Strukturdynamisch lässt sich der montierte Sensor im einfachsten Fall als ein System aus Masse (Struktur), Feder (mechanische Verbindung) und Masse (Sensor gesamt) beschreiben. Es kommt nun darauf an, dass die daraus resultierende gewissermaßen globale Resonanzfrequenz $f_{res,M}$ möglichst größer oder zu mindestens gleich ist, als die eigentliche Resonanzfrequenz des Sensors selber, nur so lässt sich der im Datenblatt angegebene Frequenzbereich voll ausnutzen. Diese Anforderung lässt sich in der Praxis nur durch eine solide Schraubverbindung erreichen, wobei leicht geölte Oberflächen das Übertragungsverhalten noch verbessern. Ist es nicht möglich ein Gewindeloch in eine Struktur einzubringen, muss ein entsprechendes solides Adapterplättchen mit einem möglichst starren Kleber auf die Struktur aufgebracht werden, mit dem sich der Sensor verschrauben lässt. Nicht immer ist eine solche Verbindung möglich und es muss auf andere Ankopplungsarten wie Wachs (nur bei Zimmertemperatur), Doppelklebeband, Haftmagnet oder für Übersichtsmessungen auch der von Hand gehaltene Taststift zurück gegriffen werden. Diese weniger starren Verbindungen führen meistens auf eine Einschränkung des nutzbaren Frequenzbereiches, wie Abb. 27 an Beispielen zeigt.

Abb. 27 Einfluss verschiedener Arten der Ankopplung auf den ausnutzbaien Messfrequenzbereich

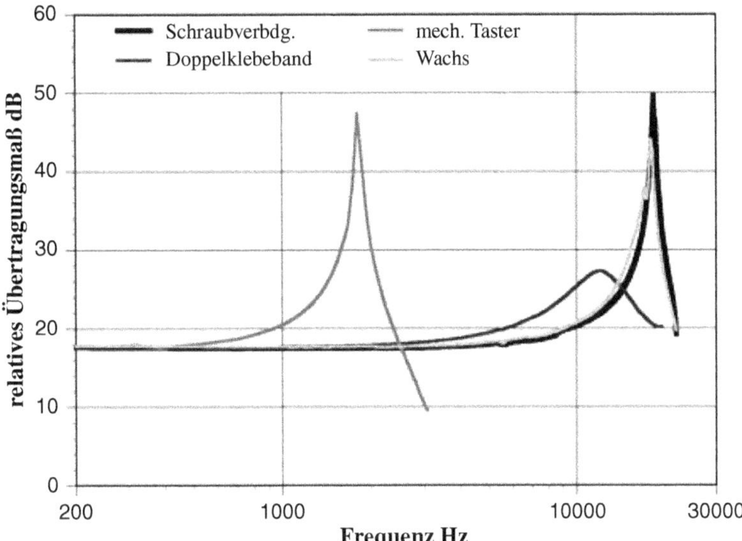

Rückwirkung des Sensors auf die schwingende Struktur

Es muss bei der Messung an vor allem leichten Strukturen beachtet werden, dass ein Sensor mit seinem Eigengewicht auf das Schwingungsverhalten der Struktur zurück wirken kann, sog. Massenbelastung. Da die dynamisch wirksame, die sog. mitschwingende Masse einer Struktur i. a. immer frequenzabhängig ist, ist diese Rückwirkung ebenfalls frequenzabhängig. Die ursprüngliche Schnelle $\underline{v}_s$ der Struktur wird durch die Belastungskraft $\underline{F}$ wie folgt verringert a

$$\underline{v} = \underline{v}_s - \frac{\underline{F}}{\underline{Z}_s} \tag{41}$$

mit

$$\underline{F} = j\omega\underline{v} \cdot m = \underline{Z}_A \cdot \underline{v} \tag{42}$$

ergibt sich

$$\underline{v} = \underline{v}_s - \frac{\underline{Z}_A}{\underline{Z}_s} \cdot \underline{v} \tag{43}$$

bzw. das Verhältnis

$$\frac{\underline{v}}{\underline{v}_s} = \frac{1}{1 + \frac{\underline{Z}_A}{\underline{Z}_s}}. \tag{44}$$

Es bedeuten

$\underline{v}$ gemessene Schnelle

$\underline{v}_s$ wahre (=zu messende) Schnelle des Messobjekts

$\underline{Z}_A$ (Massen-)Impedanz des Aufnehmers

m Masse des Aufnehmers

$\underline{Z}_s$ Punkt-Impedanz des Messobjekts.

Das Verhältnis $\underline{v}/\underline{v}_s$ gibt nun den Fehler an, der durch die Belastung der Struktur durch den Aufnehmer bei der Messung von $\underline{v}_s$ entsteht.

Meistens ist $\left|\underline{v}/\underline{v}_s\right| < 1$, jedoch nicht, wenn die Strukturimpedanz $\underline{Z}_s$ den Charakter einer reinen Federsteife hat, dann kann bei negativem Imaginärteil und sehr kleinem Realteil auch $|\underline{v}| > |\underline{v}_s|$ vorkommen:

$$\left|\frac{\underline{v}}{\underline{v}_s}\right| = \frac{1}{\left|1 + \frac{\underline{Z}_A}{\underline{Z}_s}\right|} \cong \frac{1}{\left|1 + \frac{j\omega m \cdot j\omega}{s}\right|}$$
$$= \frac{1}{\left|1 - \frac{\omega^2}{\omega_o^2}\right|} > 1 \quad \text{für } \omega \approx \omega_o. \tag{45}$$

Dieser Fall soll im folgenden nicht berücksichtigt werden, sondern es wird $\text{Im}\{\underline{Z}_s\} > 0$ bzw. $\text{Re}\{\underline{Z}_s\} > |\underline{Z}_A|$ angenommen. Wird als maximal erlaubter Fehler eine Pegelabweichung ΔL

$$\Delta L = 20 \, \lg \left| \frac{\underline{v}}{\underline{v}_s} \right|$$

$$= 20 \, \lg \frac{1}{\left| 1 + \frac{\underline{Z}_A}{\underline{Z}_s} \right|} \qquad (46)$$

vorgegeben, mit $\Delta L \leq 0$ dB, so ergibt sich daraus eine entsprechende Fehlerrelation zu

$$\left| 1 + \frac{\underline{Z}_A}{\underline{Z}_s} \right| \leq 10^{-\Delta L/20} \qquad (47)$$

bzw.

$$\left| \underline{Z}_s + \underline{Z}_A \right| \leq \left| \underline{Z}_s \right| \cdot 10^{-\Delta L/20} . \qquad (48)$$

Diese Relation sei am Beispiel einer schwingenden Platte angewendet, die groß zur Wellenlänge ist und damit näherungsweise mit der reellen Biegewellenimpedanz der unendlichen Platte beschrieben werden kann (Sensor nicht direkt am Rand)

$$\underline{Z}_s = Z_P = 8 \cdot \sqrt{B' \cdot \rho \cdot h} \qquad (49)$$

mit $h =$ Dicke der Platte, $\rho =$ Dichte des Materials, $B' =$ Breiten bezogene Biegesteife.

Für den Sensor wird nun eine reine Massenimpedanz angenommen, $\underline{Z}_A = j\omega m$, womit sich aus obiger Relation

$$\left| \underline{Z}_s + \underline{Z}_A \right|^2 = Z_P^2 + \left| \underline{Z}_A \right|^2$$
$$\leq Z_P^2 \cdot 10^{-\Delta L/10} \qquad (50)$$

bzw.

$$\left| \underline{Z}_A \right|^2 \leq Z_P^2 \cdot (10^{-\Delta L/10} - 1) \qquad (51)$$

bzw.

$$\left| \underline{Z}_A \right| \leq Z_P \cdot \sqrt{10^{-\Delta L/10} - 1} \qquad (52)$$

ergibt. Wird ferner als erlaubter Fehler $= -1$ dB angesetzt, so ist

$$\sqrt{10^{-\Delta L/10} - 1} = 0,509 \cong 0,5 \qquad (53)$$

also

$$\left| \underline{Z}_A \right| \leq \frac{Z_P}{2} . \qquad (54)$$

Durch Einsetzen der Massenimpedanz, ergibt sich

$$\omega \cdot m = 2\pi f \cdot m \leq \frac{Z_P}{2} \; \text{oder} f \cdot m \leq \frac{Z_P}{4\pi} . \qquad (55)$$

Das bedeutet

$$f \leq f\text{max} = \frac{Z_P}{4\pi \cdot m} \qquad (56)$$

bzw.

$$m \leq m\text{max} = \frac{Z_P}{4\pi \cdot f} \qquad (57)$$

d. h., entweder darf der Aufnehmer nur bis zu einer Frequenz f_{max} benutzt werden, oder seine Masse darf m_{max} nicht überschreiten.

Zur Veranschaulichung soll noch die folgende Betrachtung angeschlossen werden. Aus

$$Z_P = 8 \cdot \sqrt{B' \cdot \rho \cdot h}$$
$$= 2 \cdot \omega \cdot \rho \cdot h \cdot \frac{\lambda_B^2}{\pi^2} \qquad (58)$$

mit der Biegewellenlänge

$$\lambda_B = \sqrt[4]{\frac{B'}{\rho \cdot h}} \cdot \frac{2\pi}{\sqrt{\omega}} \qquad (59)$$

folgt die für $\Delta L = -1$ dB getroffene Aussage zu

$$m \leq m\text{max} = \frac{Z_P}{2 \cdot \omega} = \frac{2 \cdot \omega \cdot \rho \cdot h \cdot \frac{\lambda_B^2}{\pi^2}}{2 \cdot \omega}$$
$$= \rho \cdot h \cdot \frac{\lambda_B^2}{\pi^2} \approx \rho \cdot h \cdot \pi \cdot \left(\frac{\lambda_B}{5,6} \right)^2 \qquad (60)$$

das heißt, die Masse des Aufnehmers muss kleiner sein als die sog. mitschwingende Masse einer Plattenscheibe mit dem Radius $\lambda_B/5,6$.

Handelt es sich bei dem Messobjekt um eine starre Masse, führen obige Beziehungen mit einer Messfehlervorgabe von rund -1 dB auf die Aussage, dass das Sensorgewicht nicht größer als 1/10 des Gewichtes des Messobjektes sein darf. Lässt sich diese Forderung nicht einhalten, ist es empfehlenswert berührungslos, beispielsweise mit einem Laservibrometer, zu arbeiten.

Elektrische Einflüsse

Triboelektrischer Effekt
Messfehler können auftreten, wenn das Verbindungskabel zwischen Sensor und Signalaufbereitung, z. B. einem Ladungsverstärker, unsachgemäß verlegt ist. Im Folgenden werden zwei Effekte beschrieben.

Abgeschirmte Kabel, sog. Koaxialkabel, haben kapazitiven Charakter. Sie bestehen aus einer Drahtseele, umgeben von einem nicht elektrisch leitenden Dielektrikum und einer äußeren Abschirmung, die als Messmasse fungiert. Die Kapazität solch eines Aufbaus wird durch den Abstand zwischen innerem und äußerem Leiter definiert. Wird das Kabel Biegungen, Druck oder mechanischen Spannungen ausgesetzt, kann es an einzelnen Stellen zu lokalen Kapazitätsänderungen kommen, es werden sog. „triboelektrische" Ladungen gebildet, die zu Fehlsignalen führen, was sich hauptsächlich bei der Messung von Beschleunigungen mit niedrigen Amplituden auswirkt. Ein zweiter Effekt kann insbesondere bei Sensoren vom Kompressionstyp auftreten, wenn nämlich Biegekräfte über den Anschlussstecker zum Piezoelement übertragen werden.

Um diese Einflüsse in der Praxis zu verhindern, ist es ratsam das Sensorkabel auf der schwingenden Struktur mit einem Klebeband o. ä. so zu fixieren, dass es keine Relativbewegungen ausführen kann, siehe Abb. 28. Auch sollte vermieden werden, das Kabel bei der Verlegung unnötig zu verbiegen oder zu verdrehen.

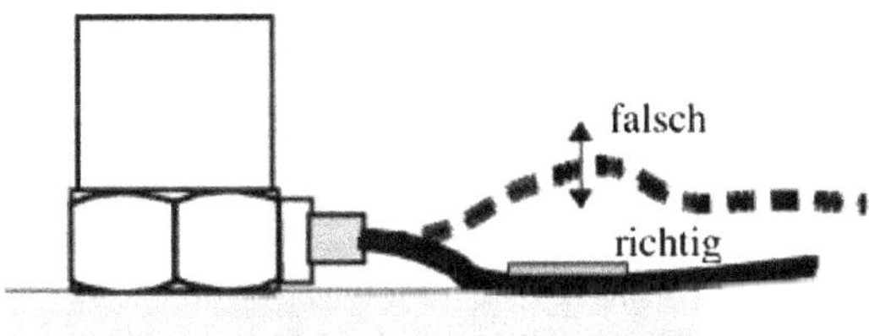

Abb. 28 Richtige Kabelmontage zur Vermeidung triboelektrischer Effekte

Rauscharme Koaxialkabel vermindern aufgrund ihres inneren Aufbaus die triboelektrischen Effekte. Sensoren in IEPE Technik sind unanfälliger gegenüber den geschilderten Störungen.

Erdschleifen, Brummen
Insbesondere bei Mehrkanalmessungen ergeben sich in der Praxis oft Probleme mit sog. Netzbrummen, was dem Messsignal überlagert ist. Es entsteht, wenn innerhalb einer Messkette durch Erdung an mehreren Punkten Erdschleifen unterschiedlicher Potenziale auftreten, die zu Ausgleichsströmen über die Abschirmungen der Messleitungen führen.

Messgeräte werden ja normalerweise über den Schutzkontakt am Netzstecker geerdet. Die Gehäuse der Sensoren können aber durch den galvanisch-mechanischen Kontakt mit einer Struktur, z. B. einer Maschine, ebenfalls in Erdkontakt kommen. Dadurch können Potenzialunterschiede bei längeren Kabelverbindungen oder durch schlechte Erdung von mehreren Volt auftreten.

Vermeiden lassen sich solche Erdschleifen, indem man die ganze Messkette nur an einem Punkt, meistens am Analysegerät, mit dem Schutzleiter verbindet bzw. erdet, Abb. 29. Dazu ist es notwendig alle Sensoren, Vorverstärker und auch den Schirm der Koaxialkabel (die Messmasse) vom Messobjekt und allen Konstruktionsteilen elektrisch zu isolieren. Dazu werden die Sensoren mithilfe entweder einer isolierten Stiftschraube in Verbindung mit einer Glimmerscheibe oder eines Adapterplättchens, welches mit einem elektrisch nicht leitenden Kleber aufgebracht ist, ans Messobjekt angekoppelt. Auch sind meistens mechanische Filter oder auch Haftmagnete elektrische Isolatoren.

Bei Industrieanwendungen werden vielfach symmetrische Messleitungen in Verbindung mit Sensoren verwendet, deren Gehäuse galvanisch von der Messmasse isoliert ist. Bei solchen Anordnungen ist neben der geringeren Einstreuung durch elektromagnetische Felder, auch der Einfluss von Erdschleifen reduziert.

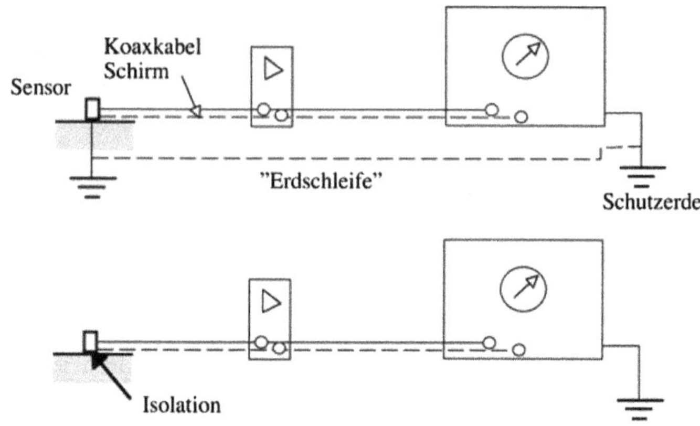

Abb. 29 Schematische Darstellung dar Entstehung einer Erdschleife und ihre Beseitigung

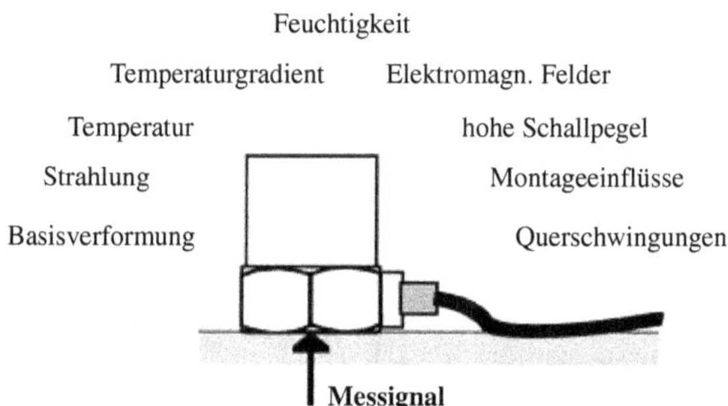

Abb. 30 Mögliche Umgebungseinflüsse bei der Messung mit Piezosensoren

4.1.11 Umgebungseinflüsse

Abb. 30 zeigt weitere mögliche Einflüsse, die neben den bereits erwähnten zu Messfehlern führenden Effekten, eine mehr oder weniger starke Rollen spielen können, dabei kann bereits die Auswahl eines geeigneten Sensortyps von Vorteil sein. Darüber geben die Spezifikationen eines jeweiligen Produktes Auskunft.

Temperaturabhängigkeiten

Absoluter Temperaturbereich
Die meisten auf dem Markt erhältlichen Beschleunigungssensoren sind für Messungen in einem weiten Temperaturbereich geeignet Als Beispiel zeigt Abb. 31 die Temperaturabhängigkeit einer häufig verwendeten Keramik (Typ PZ 23 [Bleititanatzirkonat]) hinsichtlich der Kapazität und dem Spannungs- bzw. Ladungsübertragungsfaktor ein. Als nomineller Temperaturbereich wird für solche Sensoren −75 bis +250 °C angegeben. Wie man sieht, liegt dann der Ladungsübertragungsfaktor

noch in einem Genauigkeitsbereich von etwa 1 dB. Oberhalb der maximalen Betriebstemperatur, setzt bereits eine Depolarisation des keramischen Werkstoffes ein, sodass der Einsatz hier zu Schäden des Sensorelementes führen kann. Es gibt allerdings auch Spezialsensoren mit Materialien, die in Betriebstemperaturen bis 400 °C einsetzbar sind, beispielsweise bestimmte künstlich polarisierte ferroelektrische Keramiken.

Nach einem Betrieb an der Temperaturgrenze brauchen die Materialien i. a. eine gewisse Zeit um auf ihre ursprünglichen spezifizierten Eigenschaften bei Zimmertemperatur zurück zukehren, das kann in Ausnahmefällen bis zu 24 h dauern, verbunden mit gewissen Hystereseeffekten.

Temperatursprünge
Eine wesentlich stärkere Rolle als die absolute Umgebungstemperatur, spielen Temperaturgradienten, also plötzliche Temperatursprünge, beispielsweise durch Luftturbolenzen, dabei

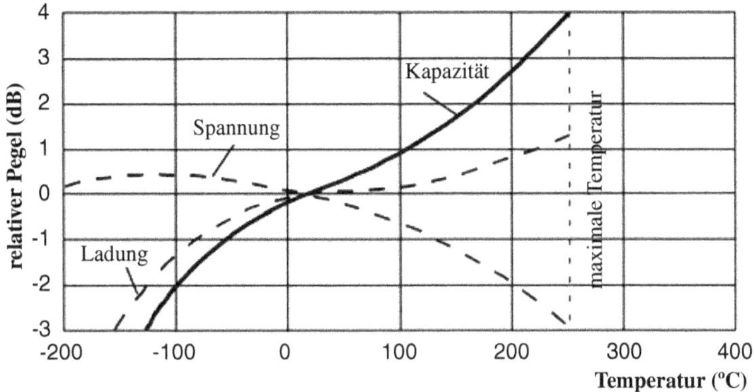

Abb. 31 Temperaturabhängigkeit von Kapazität, Ladung und Spannung eines Piezoelementes vom Typ PZ 23

entstehen i. a. niederfrequente transiente Ladungsstörsignale. Zwei auslösende Mechanismen sind bekannt:

1. Der pyroelektrische Effekt. Darunter versteht man Temperatureinwirkungen direkt auf das Piezoelement. Es entstehen elektrische Ladungsänderungen an den Piezooberflächen senkrecht zur Polarisationsrichtung. Wenn dann die eigentlichen schwingungsproportionalen Ladungen ebenfalls an diesen Flächen abgegriffen werden, wie beim Kompressionstyp, ergeben sich starke Störungen. Abhilfe schafft hier der Einsatz von Sensoren, die nach dem Scherungsprinzip arbeiten und bei denen die pyroelektrisch erzeugten Ladungen nicht erfasst werden. Abb. 32 zeigt den prinzipiellen Effekt. Der Unterschiedsfaktor in der Temperaturgradienten-Empfindlichkeit zwischen den beiden Konstruktionsprinzipien liegt in der Größenordnung zwischen 100 bis 500.

2. Ungleichmäßige Wärmeausdehnungen. Sie treten auf, wenn sich einzelne Teile eines Beschleunigungssensors unterschiedlicher Materialität verschieden stark ausdehnen, dabei können verformende mechanische Kräfte auf das Piezoelemente einwirken, die Störsignale zur Folge haben. Auch in diesem Fall sind Sensoren vom Scherungstyp unempfindlicher als solche vom Kompressionstyp. Noch besser sind Scherungsaufbauten, bei denen mehrere kleine Piezoelemente in geeigneter Weise derart verschaltet

sind, dass sich die Störeffekte insgesamt kompensieren.

Die genannten Einflüsse sind hauptsächlich bei Messung niederfrequenter Beschleunigungen mit geringen Amplituden von Bedeutung. Bei starker transienter Verschiebung der Ladungen durch den pyroelektrischen Effekt können allerdings auch impulsartige Ausgangssignale vorkommen. Störungen durch Temperatursprünge sind erfahrungsgemäß bei Außenmessungen wie beispielsweise an Gebäuden, Brücken oder Schiffen zu erwarten. Sind sie ein Problem und steht kein geeigneter Sensortyp zur Verfügung, bieten sich die Verwendung von entweder Hochpassfiltern in der Signalaufbereitung oder aber die mechanische Abschirmung des Sensors an. Letzteres lässt sich z. B. gut durch einen Mikrofon-Windschirm oder eine Abschirmung aus Polystyrol realisieren.

Luftschallempfindlichkeit

Gehäuse von Sensoren sind relativ leichte Konstruktionen und haben i. a. eine nicht allzu hohe Luftschalldämmung. Ist eine zu erfassende Strukturschwingung mit einer sehr starken Luftschallabstrahlung verbunden, können in das Gehäuse übertragene Schalldruckamplituden das Piezoelement direkt oder indirekt über angrenzende Konstruktionsteile anregen, was zu zusätzlichen Ausgangssignalen führt, die für die eigentliche Strukturschwingung nicht mehr repräsentativ sind. Darüber hinaus können hohe

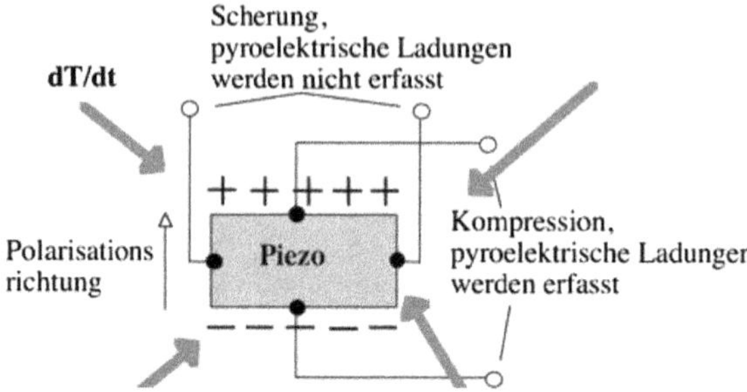

Abb. 32 Temperaturgradientenempfindlichkeit bezüglich der Polarisationsrichtung. Die eingezeichneten Ladungen sind nur Folge des pyroelektrischen Effekts und nicht Folge von Beschleunigungen

Hintergrundgeräuschpegel gerade bei kleinen zu messenden Beschleunigungsamplituden die Amplitudendynamik der Messung stark einschränken, hier bestehen kaum Unterschiede zur klassischen Luftschallmesstechnik. Den Einfluss durch direkte Luftschallanregung lässt sich durch konstruktive Maßnahmen in Form der Entkopplung des Piezoelementes vom Gehäuse und durch das Sensorprinzip klein halten. Angaben über die Luftschallempfindlichkeit von Beschleunigungssensoren findet man i. a. in den entsprechenden Datenblättern. So beträgt diese beispielsweise bei Sensoren die nach dem Kompressionsprinzip arbeiten, $0{,}1$ m/s^2 bei 154 dB (re 2×10^{-5} Pa) äußerem Schalldruckpegel. Auch bei diesem Umgebungseinfluss erweisen sich Sensoren nach dem Scherungsprinzip von Vorteil, ihre Luftschallempfindlichkeit liegt unter vergleichbaren Bedingungen nur noch in der Größenordnung $0{,}001$ m/s^2.

Basisverformung
Normalerweise sollte der Sensor als Ganzes durch die schwingenden Struktur beschleunigt werden. Liegen aber im Bereich der Montagefläche der Sensorbasis dynamische Verformungen (Biegung, Dehnung) vor, können zusätzlich zur eigentlichen Schwingbewegung aufgrund mechanischer Übertragung im Piezoelement Störsignale entstehen. Beschleunigungssensoren haben deshalb normalerweise einen relativ dicken Basisboden, sodass die Dehnungsempfindlichkeit erheblich reduziert werden kann. Noch besser geeignet sind auch hier Sensoren nach dem Scherungsprinzip.

Die Empfindlichkeit gegenüber solchen Gehäusedeformationen wird als Dehnungsempfindlichkeit in [m/s^2/mε] ($\varepsilon =$ Dehnung in [m/m]) angegeben. Beispielzahlenwerte sind $0{,}3$ m/s^2/ mε für Kompressionstypen und $0{,}003$ m/s^2/mε für Scherungstypen bezogen auf eine Basisdehnung von 250 mε.

Feuchtigkeit
Piezosensoren sind, mit Ausnahme von Sensoren in IEPE Technik, elektrisch kapazitive hochohmige Gebilde, die bei Einwirkung von Feuchtigkeit und Nässe zu elektrischen Kriechströmen neigen. Dabei ist weniger das Gehäuse problematisch, hier werden generell hermetisch verschweißte oder verklebte Konstruktionen verwendet, sondern der elektrische Anschluss inklusive dem Kabel. Deshalb ist es wichtig in extrem feuchten Umgebungen den Kabelanschluss, meistens ein Stecker mit Kabel, am Gehäuseanschluss abzudichten, darüber hinaus bieten Teflonkabel eine hohe Wasserdichtigkeit. Beide Maßnahmen reichen aber i. a. nicht aus, den Sensor längere Zeit komplett in einer Flüssigkeit zu betreiben, hierfür sind Spezialkonstruktionen notwendig.

Magnetfelder
Magnetische Wechselfelder können in Beschleunigungssensoren Störspannungen erzeugen, die zwar normalerweise recht gering sind, jedoch bei Messungen an Elektromotoren, Transformatoren unter Umständen zu beachten sind. Die auf die anregende Flussdichte bezogene Empfindlichkeit liegt in der Größenordnung 1 bis 30 m/ s^2 pro Tesla im ungünstigsten Fall.

Elektromagnetische Felder
Dieser Umgebungseinfluss ist mehr an die Qualität der Sensorkabel geknüpft, als an den Sensor selber. Starke elektromagnetische Felder treten in Netzleitungen mit hohen Wechselströmen oder durch Impulsspitzen aufgrund schneller Schaltnetzteile auf. Sie können entlang von Sensor-Verbindungskabeln Störspannungen im eigentlichen Messsignal induzieren. Um diesen Effekt zu vermeiden gibt es verschiedene Ansatzpunkte. Generell sind niederohmige Kabelverbindungen, wie bei IEPE Sensoren, unempfindlicher gegenüber elektromagnetischen Einstreuungen, als hochohmige Verbindungen mit Spannungs- oder Ladungsverstärkern. Auch bieten symmetrische Messleitungen mit Differenzverstärkereingängen, wie sie vielfach im industriellen Bereich eingesetzt werden, Vorteile gegenüber der gängigen unsymmetrischen Technik mit abgeschirmten Koaxialkabeln. Wenn diese Möglichkeiten nicht einsetzbar sind, müssen die Verbindungskabel in magnetisch abschirmenden Kabelschläuchen oder -kanälen aus sog. MU-Metall verlegt werden.

Strahlung
Normale Piezo-Beschleunigungssensoren – mit Ausnahme von Sensoren in IEPE- Technik – sind weitgehend unempfindlich gegenüber Strahlung. Sie können ohne signifikanten Einfluss auf die Übertragungsfaktoren in starker Gammastrahlung von 10 krd/h, 6 meV bis zu einer Gesamt- Strahlungsdosis von 2 Mrd. eingesetzt werden, auch können i. a. normale Kabel verwendet werden.

4.1.12 Kalibrierung
Für den Hersteller bedeutet Kalibrieren die möglichst genaue Ermittlung des Spannungs- bzw. Ladungsübertragungsfaktors eines Sensors, der dann im Datenblatt entsprechend vermerkt ist. Zum Kalibrieren existieren verschieden genaue, zum Teil recht aufwendige Verfahren, auf die hier nicht im Detail eingegangen werden soll (ISO 5347 [9]). Beim Vergleichsverfahren wird der zu kalibrierende Sensor mit einem bekannten Sensor, dem sog. Bezugsnormal verglichen, die Genauigkeit ist besser 2 %. Daneben

existieren noch Absolutkalibrierungen, dazu gehören die Reziprozitätsmethode und das Laser-Interferenzverfahren. Hier erreicht man Genauigkeiten von etwa 0,5 %.

Für den Praktiker ist es meist viel wichtiger eine gesamte Messkette bestehend aus Sensor, Signalaufbereitung, -erfassung und -analyse zu kalibrieren, um einen eindeutigen Zusammenhang mit der zu messenden physikalischen Größe herzustellen. Die Kalibriergröße wird dann nicht nur vom Übertragungsfaktor des Sensors bestimmt, sondern enthält auch das Übertragungsverhalten der elektronischen Messgeräte.

Dazu wird normalerweise ein dynamischer Schwingerreger benutzt, dessen erzeugte Schwingungsgrößen bekannt sind. Gängig sind Geräte, die eine effektive Wechselbeschleunigung von $10\,\text{m/s}^2$ bei einer Frequenz von $159{,}15\,\text{Hz}$ ($\omega = 1000/\text{s}$) liefern, durch einfache Umrechnung erhält man daraus für die Größen Schwingschnelle 10 mm/s und Schwingauslenkung 10 µm. Wird die bekannte Schwingungsgröße auf den Sensor am Anfang der Messkette gegeben, lässt sich am Ausgang der Messkette ein entsprechend zugeordneter Wert einstellen, beispielsweise ein bestimmter Pegel- oder Spannungswert. Manche Geräte lassen sich auch direkt in physikalischen Einheiten kalibrieren, sog. Engineering Units (EU). Kalibriert wird normalerweise in Effektivwerten. Der Unterschied zum Spitzenwert ist der Faktor 0,7 oder -3 dB.

Alternativ lässt sich, wenn kein Schwingungskalibrator zur Verfügung steht und wenn alle Übertragungsfaktoren der einzelnen Glieder einer Messkette verlässlich bekannt sind, durch manuelle Eingabe derselben, eine Messkette auch rein elektronisch kalibrieren, dieses bieten Rechner basierte Messsysteme in besonderem Maß. In diesem Zusammenhang steht auch die Entwicklung von elektronischen Datenblättern nach IEEE 1451.4, auch TEDS genannt (Tranducer Electronic Data Sheet). Dieser Standard baut auf der IEPE-Technik auf. Die individuellen Daten eines Sensors, wie Typenbezeichnung, Seriennummer, Hersteller, Sensorart, Empfindlichkeit und auch Kalibrierdatum, werden im Aufnehmergehäuse zusätzlich auf einem Mikrochip gespeichert und können entsprechen von einem Signalverarbeitungssystem ausgelesen werden. Bei Austausch eines Sensors wird dieser vom Messsystem automatisch identifiziert und die Messkette entsprechend neu eingestellt. Auch bei Vielkanalmessungen kann diese Technik sehr hilfreich sein, da immer die richtige Zuordnung von Sensor und Messkanal gewährleistet ist.

4.2   Mechanisches Filter

Mechanische Filter sind mechanische Tiefpassfilter, die zwischen schwingender Struktur und Sensor montiert werden. Ihr Einsatz kann in folgenden Situationen von entscheidendem Vorteil sein:

- Messung von tieffrequenten Schwingungen mit niedrigen Amplituden, wenn gleichzeitig starke höherfrequente die Amplitudendynamik bestimmende Anteile vorhanden sind.
- Schutz des Sensors vor Zerstörung durch extreme Schocks und Vermeidung von Nullpunktverschiebungen und Nachklingen.
- Festlegung einer definierten oberen Grenzfrequenz, was besonders bei Vorverstärkern ohne eingebaute Filter von Bedeutung ist.

- Unterdrückung des Einflusses von Querschwingungen.
- Elektrische Isolation des Sensors vom Messobjekt.

Der typische Einfluss eines mechanischen Filters auf die Hauptempfindlichkeit eines Beschleunigungssensors ist in Abb. 33 dargestellt. Aufgrund des Tiefpasscharakters wird bei entsprechender Typenauswahl die stark ausgeprägte mechanische Resonanz des Sensors abgeschwächt oder unterdrückt. Das Filter selber erzeugt oberhalb der Sensorresonanz eine gedämpfte Resonanz mit 3 bis 4 dB Überhöhung mit einem anschließenden Abfall von 40 dB/Dekade. Die Empfindlichkeit gegenüber Querschwingungen wird in ähnlichem Ausmaß reduziert.

Da mechanische Filter Gummiteile enthalten, sind ihre Eigenschaften von der Umgebungstemperatur abhängig. Bei niedriger Temperatur steigt die Steifigkeit des Gummikerns und entsprechend die Resonanzfrequenz an, begleitet von einer abnehmenden Dämpfung. Bei hohen Temperaturen sinkt die Steifigkeit und damit Resonanzfrequenz, verbunden mit einer Zunahme der Dämpfung. Hierüber und über andere Umgebungseinflüsse sollte das entsprechende Datenblatt zurate gezogen werden.

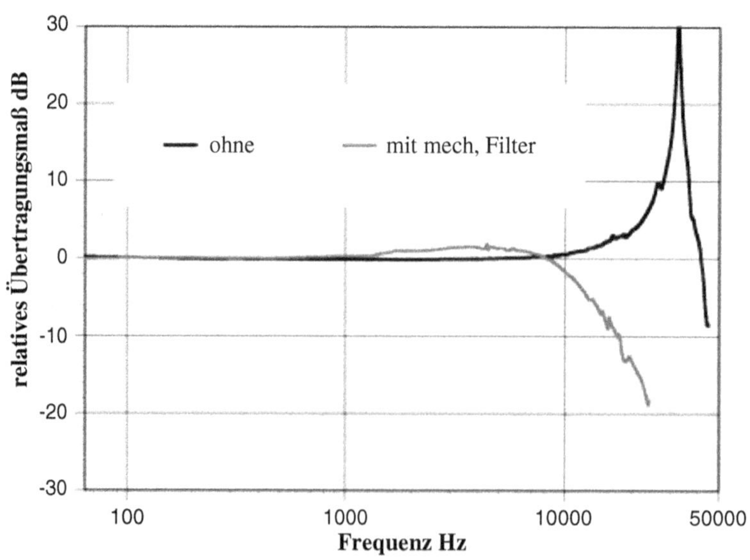

Abb. 33 Typischer Frequenzgang einer Kombination aus mechanischem Filter und Beschleunigungssensor in Hauptempfindlichkeitsrichtung

4.3 Kraftsensor

4.3.1 Aufbau

Piezoelektrische Kraftsensoren sind ähnlich aufgebaut wie Beschleunigungsaufnehmer, nur dass die seismische Masse nicht mehr frei ist, sondern, verbunden mit der schwingenden Struktur, Teil des Kraftflusses ist, sie wird in der Literatur oft mit Top- oder „Load"-Masse bezeichnet, während die andere größere Masse, wie beim Beschleunigungssensor, die Basismasse ist. Den Prinzipaufbau zeigt Abb. 34.

Das Funktionsprinzip wurde bereits in Abschn. 4.1.3 besprochen. Die Empfindlichkeit wird nun durch [pC/N] oder [V/N] gekennzeichnet.

4.3.2 Frequenzverhalten

Das mechanische Ersatzbild und der sich daraus ergebende Frequenzgang muss unter zwei Aspekten betrachtet werden: eine anregende Kraft wird nur über den Sensor in eine Struktur geleitet oder der Sensor befindet sich im Kraftfluss zwischen zwei Strukturelementen [2].

Krafteinleitung über Sensor

Dieses ist die typische Situation, wenn ein Struktur mit einem Schwingerreger künstlich angeregt wird und zwischen Schwingerreger und Struktur der Kraftaufnehmer eingebaut ist, der die eingeleitete Kraft messen soll. Das Ersatzmodell zeigt Abb. 35.

Die Kraft F_S ist diejenige, die der Sensor misst, sie sollte in möglichst engen Fehlergrenzen der in die Struktur eingeleiten Kraft F_x entsprechen. F_A ist die äußere anregende Kraft.

Eine einfache Kraftbilanz führt auf folgende Gleichung

$$F_S = F_A - m_B \cdot a_B = F_x + m_s \cdot a_s \quad (61)$$

a_B und a_s sind die jeweiligen Beschleunigungen, die sich aus der Anregung der Basis- und Top-Masse, m_B und m_s, ergeben. Wird der Übergang zu Schwingschnellen und Impedanzen gemacht und werden gleiche Bewegungen zwischen der Struktur und dem Einleitungspunkt vorausgesetzt, d. h.

$$m_s \cdot a_s = Z_{m_s} \cdot v_x = j\omega m_s \cdot v_x \quad (62)$$

erhält man mit

$$Z_x = \frac{F_x}{v_x} \quad (63)$$

einen Ausdruck für das Kräfteverhältnis

$$\frac{F_S}{F_x} = 1 + \frac{j\omega m_s}{Z_x}. \quad (64)$$

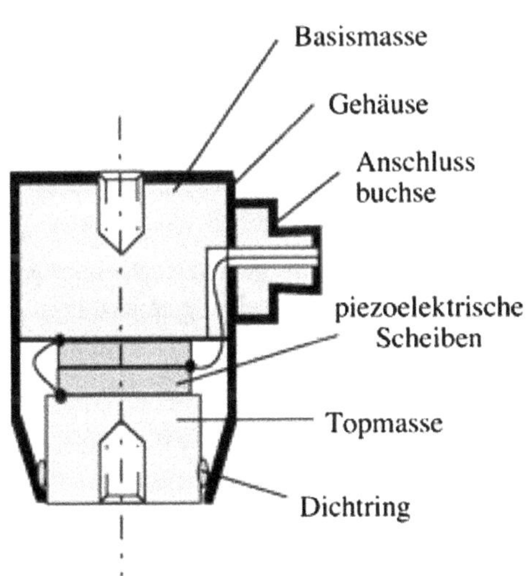

Abb. 34 Typischer Aufbau eines Kraftsensors (Schnitt)

Abb. 35 Mechanisches Ersatzmodell eines Kraftsensors bei Anregung einer Struktur durch einen Schwingerreger

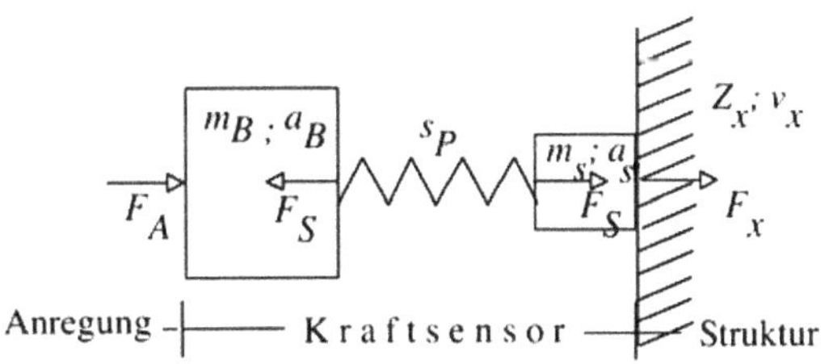

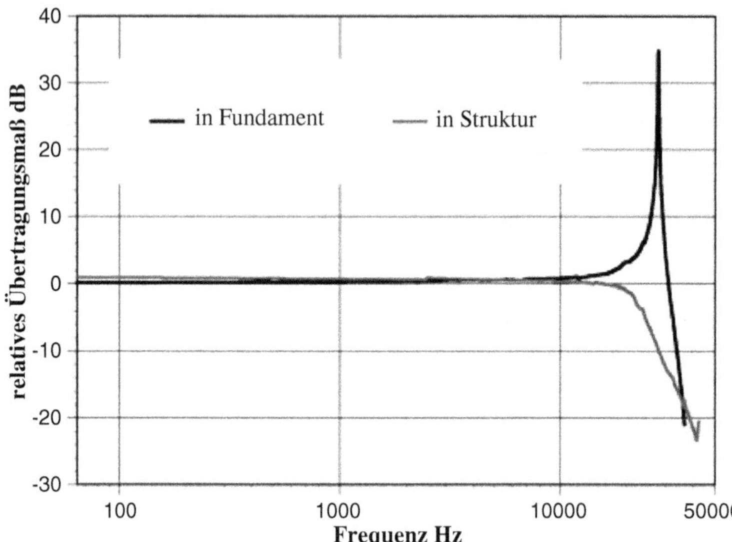

Abb. 36 Typische Frequenzgänge eines montierten Kraftsensors für verschiedene Krafteinleitungen

Für den Fall, dass $Z_x \gg j\omega m_s$ ist, entspricht die gemessene Kraft weitgehend der in die Struktur eingeleiteten Kraft

$$F_S \cong F_x.$$

Der Messfehler beträgt weniger als 1 dB, wenn die Strukturimpedanz größer als der 10 fache Wert der Impedanz der Topmasse m_s ist.

Da die Steife des Piezoelementes nicht in der Relation enthalten ist, zeigt der dazu gehörende Frequenzgang des montierten Sensors auch keine mechanische Resonanz, er entspricht dem Fall der Anregung des Systems mit einer aufgeprägten konstanten Wechselkraft F_A an der Basis, Abb. 36. Der Abfall der hohen Frequenzen wird durch die Antiresonanz aus endlicher Montagesteife und gegebenenfalls Struktursteife am Krafteinleitungspunkt und der Top-Masse m_s bestimmt.

Kraftsensor zwischen zwei Strukturelementen

Diese Anordnung ist typisch für die Messung einer Kraft F_x, die durch einen Maschinenaufpunkt in ein Fundament übertragen wird, Abb. 37.

Auch in diesem Fall sollte die gemessene Kraft F_S in möglichst engen Fehlergrenzen der gesuchten anregenden Kraft F_x entsprechen. Werden die Impedanzen der einzelnen Elemente in der folgenden Form benutzt, wobei

die Masse des Piezoelementes wieder vernachlässigt wird

$$Z_{m_s} = j\omega m_s$$
$$Z_{m_B} = j\omega m_B$$
$$Z_{S_P} = \frac{S_P}{j\omega} \tag{65}$$
$$Z_2 = Z_{m_B} + Z_F$$

lässt sich aus der Impedanzersatzanordnung, analog zur bekannten Spannungsteilerformel der Elektrotechnik, folgende Relation aufstellen

$$\frac{F_S}{F_x} = \frac{1}{1 + \dfrac{Z_{m_s} \cdot (Z_{S_P} + Z_2)}{Z_{S_P} \cdot Z_2}}. \tag{66}$$

Ferner wird vereinfachend ein ausreichend schweres Fundament voraus gesetzt, sodass

$$Z_2 \gg Z_{S_P} \tag{67}$$

ist. Werden nun weiterhin die Impedanzausdrücke durch die Elementgrößen selber ausgedrückt, ergibt sich für die obige Kraftrelation

$$\frac{F_S}{F_x} = \frac{1}{1 - \dfrac{\omega^2 \cdot m_s}{S_P}} \tag{68}$$

ein Ausdruck, in dem jetzt das Quadrat der bekannten Sensorresonanz

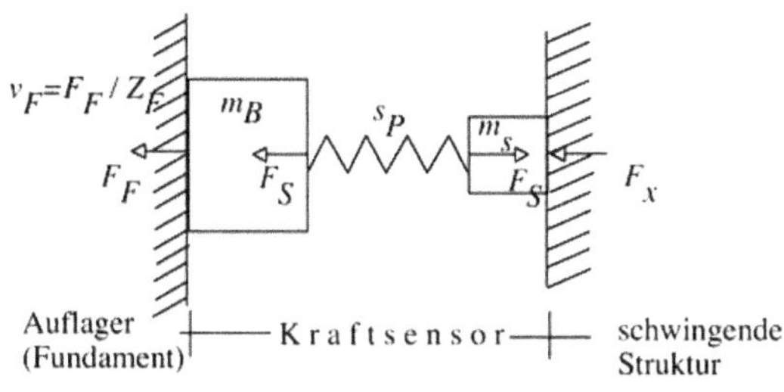

Abb. 37 Mechanisches Ersatzmodell eines Kraftsensors bei Messung der Kraft einer schwingenden Struktur in ein Fundament

$$f_{res} = \frac{1}{2\pi}\sqrt{\frac{s_P}{m_s}} \qquad (69)$$

steckt. Für niedrige Frequenzen verläuft der Frequenzgang zunächst geradlinig, das Verhältnis Sensorkraft zur anregenden Kraft ist annähernd eins, kommt dann die Frequenz in den Bereich der Resonanz, ergibt sich die bekannte Erhöhung, s. Abb. 36. Dieses Verhalten entspräche der Anregung der in Abb. 35 gezeigten Anordnung durch eine am Fundamentpunkt eingeleitete konstante Beschleunigung oder äquivalent, die Anregung durch eine konstante Wechselkraft an der Topmasse bei einem starren Fundament, wobei in der Praxis, wie früher beschrieben, im einfachsten Fall der Masseanteil der Anregemechanik in die Resonanz mit eingehen kann [2].

4.3.3 Signalaufbereitung

Die Signale von piezoelektrischen Kraftsensoren werden im Prinzip auf die gleiche Art und Weise aufbereitet, wie bei Beschleunigungssensoren, s. Abschn. 4.1.4, nur dass die physikalische Größe jetzt Newton heißt. Verwendet werden überwiegend Ladungsverstärker und Sensoren in IEPE-Technik, deren Eigenschaften dann auch die untere Übertragungs-Frequenzgrenze bestimmen.

4.3.4 Bauformen

Es gibt die unterschiedlichsten Bauformen, mit oder ohne durchgehender Mittelbohrung, vorgespannt oder ohne Vorspannung. Letztere eignen sich dann beispielsweise nur für die Messung von Druckkräften. Für die verzerrungsfreie Messung von Wechselkräften sollte die Vorlast so

eingestellt werden, dass Zug- und Druckbelastung möglichst symmetrisch im angegebenen Messbereich liegen.

4.3.5 Ankopplung

Bei der Ankopplung gelten die in Abschn. 4.1.10 aufgeführten Grundsätze. Folgende besonderen Aspekte seien jedoch erwähnt:

- Bei nicht vorgespannten Sensoren kann u. U. auf eine Schraubverbindung verzichtet werden, falls eine vorhandene Vorlast mindestens so groß ist, wie die maximal aufzubringende Zugkraft.
- Bei Einsatz von Stiftschrauben muss darauf geachtet werden, dass diese nicht überstehen, sondern die Kraftübertragung voll über die Flächen des Sensors erfolgt.
- Die sog. Topseite des Sensors, zu der wie oben beschrieben die kleinere Masse m_s gehört, sollte immer an dasjenige Strukturteil angekoppelt werden, dessen Kraft ermittelt werden soll.
- Kraftsensoren sind i. a. so konstruiert, dass die Kräfte entlang ihrer Längsachse gemessen werden. Dennoch lässt sich eine gewisse Empfindlichkeit gegenüber Querkraft und Biegung nicht ausschließen, was zu Messfehlern führen kann. Aus diesem Grund sollte, insbesondere bei Einbau zwischen zwei Strukturelementen mit nicht parallel liegenden Oberflächen, die Ankopplung über zwei sog. halbsphärische Zwischenlagen erfolgen, mit denen Ausrichtungsfehler von wenigen Grad ausgeglichen werden können.

4.3.6 Kalibrierung

In der Praxis kalibriert man eine Messkette mit Kraftsensor, am besten mit bekannter Beschleunigung a_{kal} und Zusatzmasse m_{kal}. Dazu wird ein Kalibrier-Schwingerreger benutzt, wie er auch für Beschleunigungssensoren Verwendung findet, siehe Abschn. 4.1.12. Die elektrische Spannung oder der Pegelwert, der am Ausgang der Messkette eingestellt wird, entspricht dann der Kalibrierkraft F_{kal}, die sich aus der einfachen Beziehung

$$F_{kal} = (m_{kal} + m_s) \cdot a_{kal} \qquad (70)$$

ergibt. Wie die Formel zeigt, muss die Zusatz-masse auf der Topseite des Sensors montiert sein, während der Schwingerreger an die Basis des Sensorgehäuses angekoppelt wird.

Die andere Möglichkeit der Kalibrierung wäre die Übernahme der Empfindlichkeit aus dem Kalibrierzeugnis des Herstellers und Berechnung eines Gesamt-Übertragungsfaktors, der sich aus den einzelnen Übertragungs- und Verstärkungsfaktoren der Messkette ergibt.

4.4 Impedanzmesskopf

Zur Bestimmung von Eingangspunktimpedanzen einer Struktur ist die Messung von Wechselkraft und Schwingschnelle über der Frequenz streng genommen am selben Ort erforderlich, wobei anzumerken ist, dass die Impedanz nicht ein-fach als Verhältnis der Amplituden von Kraft und Schnelle, sondern als Verhältnis der komplexen Größen, also inklusive der Phasenlage definiert ist und die Charakterisierung des dynamischen Verhaltens einer Struktur nicht auf die Impedanz beschränkt bleiben muss, denn durch Umrechnung der Feldgrößen untereinander sind auch alle ande-ren Kenngrößen daraus ableitbar (s. Abschn. 2).

Die Verwendung einen jeweils separaten Kraft- und Beschleunigungssensors ist prinzipi-ell möglich, wenn der Montageabstand unterein-ander klein zur Strukturwellenlänge ist, d. h. nur

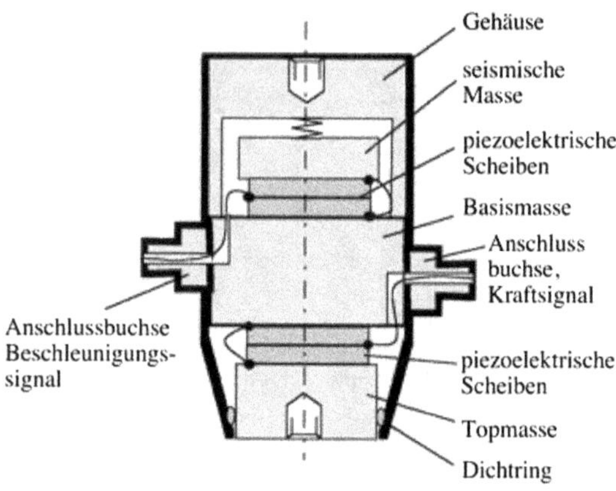

Abb. 38 Prinzipieller Aufbau eines sog. Impedanzmesskopfes

geringe örtliche Strukturunterschiede vorliegen, sodass wenigstens näherungsweise von einer Eingangspunktgröße gesprochen werden kann. Solch eine Bedingung ist aber oft nicht gegeben, sodass die Verwendung eines Sensors der Kraft- und Beschleunigungsmesselemente in einem Gehäuse vereint, wie beim sog. Impedanzmess-kopf, durchaus sinnvoll ist. Abb. 38 zeigt den prinzipiellen Aufbau.

Natürlich gelten auch für diesen Sensortyp die weiter oben beschriebenen grundsätzlichen Eigenschaften und Einflussgrößen von piezoelek-trischen Wandlern, allerdings gibt auch es einige Besonderheiten. Einen typischen resultierenden Frequenzgang zeigt Abb. 39. Dieser Verlauf ist

Abb. 39 Typischer resultierender Frequenzgang eines Impedanzmesskopfes

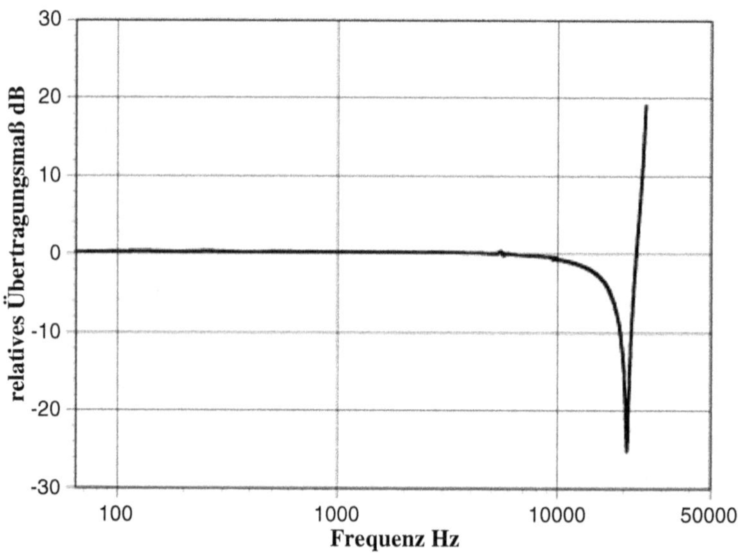

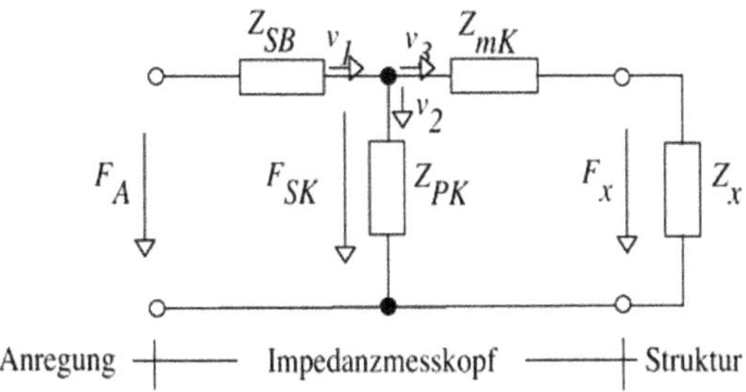

Abb. 40 Impedanzersatzschaltbild (Spannungs-Kraft-Analogie) eines Impedanzmesskopfes bei einer Impedanzmessung durch künstliche Anregung einer Struktur; die Gehäusemasse sei in der Anregung berücksichtigt, die Ankopplungssteife in Z_x

proportional der dynamischen Masse des unbelasteten Sensors. Er stellt das Kraftsignal dar, wenn der Impedanzmesskopf von außen so über der Frequenz angeregt wird, dass das Signal der Beschleunigung konstant bleibt. Der Einbruch ergibt sich daraus, dass in der Resonanz des Beschleunigungssensors die erforderliche Kraft minimal wird. Die Resonanz des Kraftaufnehmerteils liegt dabei etwa doppelt so hoch.

Die Genauigkeit von Impedanzmessungen ist stark frequenzabhängig und wird wie bei den entsprechenden Betrachtungen der einzelnen Kraft- oder Beschleunigungssensoren von der Relation zwischen Sensor- und Strukturdynamik bestimmt. Dabei stehen jetzt nicht die absoluten Einzelfehler der Sensorteile im Vordergrund, sondern der relative Messfehler durch die Quotientenbildung Kraft/Beschleunigung. Abb. 40 zeigt das vereinfachte Impedanzersatzschaltbild bei Messung einer Impedanz, im Fall einer dynamischen Kraftanregung durch eine ideale rückwirkungsfreie Quelle, s. auch [5]. Es bedeuten:

F_A anregende Kraft (Kraftquelle mit mechanischem Innenwiderstand inklusive Gehäusemasse und Befestigungssteife)

F_{SK} gemessene Kraft am Kraft-Piezoelement

F_x unbekannte Kraft auf Struktur

v_1 gemessene Schnelle des Beschleunigungssensors (a/ω)

v_2 Schnelle am Kraft-Piezoelement

v_3 Schnelle der Topmasse des Kraftsensors

Z_{SB} Gesamt-Impedanz des Beschleunigungssensors

Z_{PK} Impedanz des Piezoelementes des Kraftsensors

Z_{mK} Impedanz des Topmasse des Kraftsensors

Z_x unbekannte gesuchte Strukturimpedanz inklusive Ankopplungssteife.

Wie sich leicht zeigen lässt, ergibt sich zwischen der gemessenen Impedanz und der tatsächlich gesuchten Strukturimpedanz folgender Zusammenhang

$$Z_{\text{mess}} = \frac{F_{SK}}{v_1} = \frac{Z_{mK} + Z_x}{\left[1 + \frac{Z_{mK}}{Z_{PK}} + \frac{Z_x}{Z_{PK}}\right]} \quad (71)$$

Die Betrachtung setzt voraus, dass der Beschleunigungsteil selber fehlerfrei misst, d. h. dass die Impedanz des Beschleunigungs-Piezoelementes viel größer sein muss, als die der seismischen Masse, s. Abschn. 4.1.4.

Damit der Messfehler klein ist, d. h.

$$Z_{\text{mess}} \cong Z_x \quad (72)$$

müssen nun folgende Relationen vorliegen

$$Z_{mK} \ll Z_x$$
$$Z_{mK} \ll Z_{PK} \quad (73)$$
$$Z_{PK} \gg Z_x.$$

Man muss ferner bedenken, dass die Impedanzen

$$Z_{mK} = j\omega m_K \text{ und } Z_{PK} = \frac{s_{PK}}{j\omega}$$

mit m_K Topmasse des Kraftsensorteils, s_{PK} Steife des Kraft-Piezoelementes, frequenzabhängig sind und damit auch die möglichen Messfehler.

Eine untere Messgrenze ergibt sich, wenn die dynamische Masse der zu untersuchenden Struktur in die Größenordnung derjenigen der Topmasse kommt, dabei treten Messfehler auf, die durch eine sog. Massenkompensation elektronisch vermindert werden können. Topmassen liegen in der Praxis in der Größenordnung von einigen Gramm.

Die obere Grenze wird im Wesentlichen durch die Steifigkeit des Kraft-Piezoelementes bestimmt. Die Hersteller bemühen sich zwar diese so steif wie möglich zu machen, dennoch ist der Einsatz von Impedanzmessköpfen an schweren, steifen Strukturen nicht empfehlenswert. Als Faustregel für einen Fehler von 10 % wird angegeben, dass die zu messende dynamische Masse

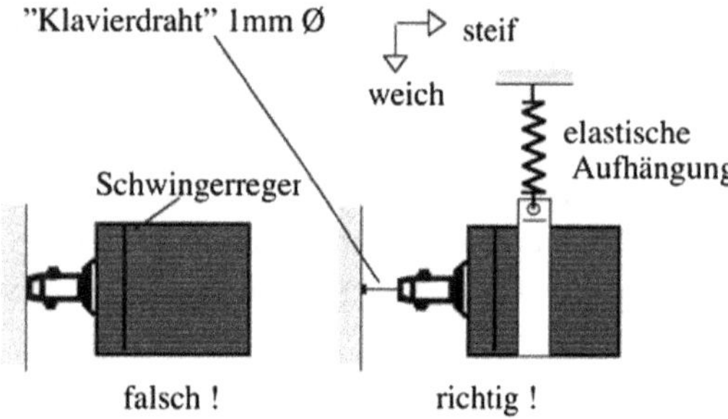

Abb. 41 Richtige Ankopplung eines Impedanzmesskopfes bei Anregung einer Struktur durch einen Schwingerreger

nicht größer sein sollte als etwa das Fünfzigfache des Eigengewichts des Sensors und die entsprechende Steife inkl. Ankopplungssteife kleiner als ein Zehntel der konstruktionsbedingten Steife des Piezo-Kraftmesselementes. Diese Bedingungen weisen auf die Tatsache hin, dass Eingangs-Impedanzmessungen an sehr schweren Strukturen vorteilhafter mit getrennten Kraft- und Beschleunigungssensoren durchgeführt werden sollten.

Empfindlich sind Impedanzmessköpfe aufgrund ihres länglichen Aufbaus auch gegenüber Biegemomenten. Deshalb ist es zu empfehlen, insbesondere bei horizontaler Montage oder bei unsymmetrischer Belastung die Ankopplung an die Struktur flexibel auszubilden, beispielsweise durch einen dünnen 1 mm starken Klavierdraht, der in seiner Längsrichtung entsprechend steif, quer dazu aber ausreichend weich ist, um Momente aufzunehmen, Abb. 41.

4.5 Drehmomentsensor

Drehmomentsensoren oder auch Drehmomentdynamometer sind im Prinzip speziell konstruierte piezoelektrische Kraftsensoren, deren Messgröße [Nm] heißt und deren Ladungsempfindlichkeit nun in [pC/N/m] angegeben wird. Dafür werden schubempfindliche Quarzscheiben kreisförmig so angeordnet, dass ihre empfindlichen Achsen tangential ausgerichtet sind. Unter Vorspannung eingebaut, können entsprechend Drehmomente gemessen werden. Wichtig ist eine große axiale Steife, die in einer

entsprechend hohen Drehresonanz zum Ausdruck kommt. Anwendung finden solche Sensoren allgemein beim Messen eines um die Sensorachse wirkenden quasistatischen oder dynamischen Momentes, bei der Untersuchung von Rutschkupplungen, beim Messen von Gleichlaufschwankungen oder Anlaufmomenten bei Motoren. Sie dienen der Drehmomenteinstellung von Drehschraubern und zur Prüfung von Schraubverbindungen sowie der Kalibrierung von Handdrehmomentschlüsseln, der Torsionsprüfung von Federn und der Prüfung von Drehschaltern.

Als Bauformen sind flache ringförmige Sensoren mit Mittelbohrung bekannt, die sich zwischen zwei gegeneinander axial schwingende Konstruktionsteile einbauen lassen oder Dynamometer, die als eigenständige Messeinheiten zum Aufsetzen auf eine rotierende Drehachse konstruiert sind. Letztere erfassen manchmal zusätzlich auch noch die Kräfte in allen drei Raumrichtungen, s. auch [17].

5 Drehschwingungen

Dynamische Messgrößen im Zusammenhang mit rotatorischen Systemen sind, neben dem weiter oben beschrieben Drehmoment, die Winkelgeschwindigkeit oder auch Winkelschnelle Ω in [rad/s] und die Winkelbeschleunigung $\dot{\Omega}$ in [rad/s^2], beide Größen lassen sich bekanntermaßen ineinander umrechnen, die Drehzahl kann durch Integration abgeleitet werden.

Drehschwingungen kommen in vielen technischen Systemen vor, genannt seien Motoren, Generatoren, Getriebe und ähnliche Maschinen, aber auch Fahrzeugantriebe, Ventiltriebe, Riemen- und Kettenantriebe, sie können sich beispielsweise in einem Fahrzeug-Antriebsstrang vom Motor bis zur Fahrzeugachse ausbreiten. Sie entstehen durch Fluktuationen der Drehzahl, Übersetzungsfehlern in Getrieben, durch Unwuchten oder erhöhte Lagerreibung verbunden mit einer strukturellen Torsion rotierender Achsquerschnitte. Drehschwingungen führen dabei zu Materialermüdung, hoher Geräuscherzeugung oder

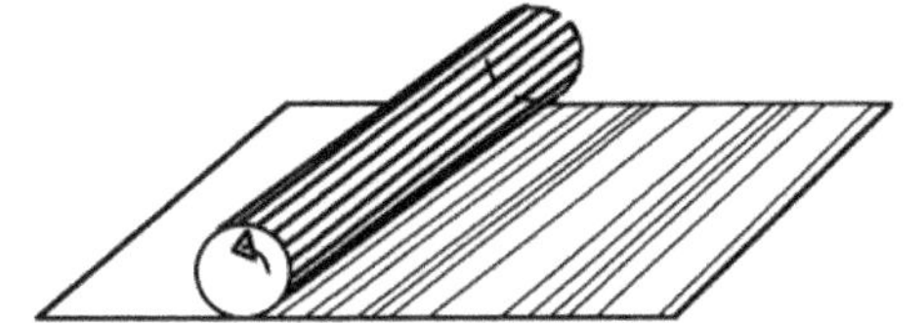

Abb. 42 Darstellung von Drehzahlschwankungen (schematisch)

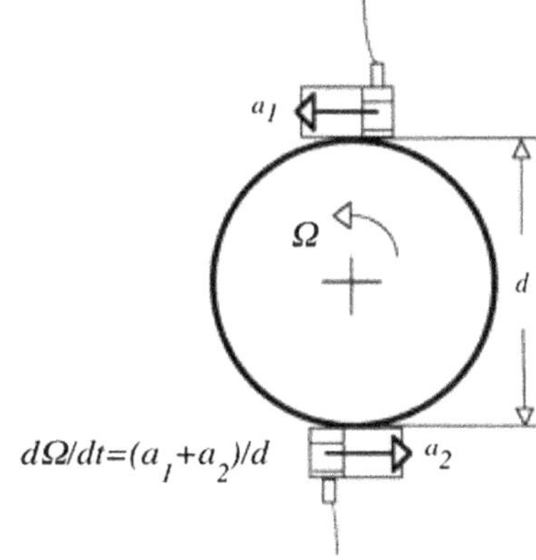

Abb. 43 Messung der Winkelbeschleunigung einer rotierenden Achse mittels zwei konventionellen Beschleunigungssensoren (Prinzip)

erhöhtem Verschleiß. Drehschwingungen werden durch normale lateral angeordnete Messsensoren nur unvollkommen erfasst. Die verschiedenen Effekte sind im Allgemeinen von der stationären Drehgeschwindigkeit überlagert und erfordern zur Erfassung angepasste Messtechniken.

Die Erfassung von *Drehzahlschwankungen,* Abb. 42, ist vielfach in der Prozess- und Anlagentechnik zur Regelung des Antriebs notwendig.

Hierfür gibt es spezielle Sensortechniken. Bekannt sind solche Konstruktionen, die die mechanische Bewegung (meistens die Drehwinkelgeschwindigkeit oder – beschleunigung) in elektrische Signale umwandeln oder digitale Winkelmessgeräte (Digitaltachos, Resolver) die drehzahl-proportionale Rechteckpulse erzeugen, die sich mittels Frequenz-Spannungswandlung gegenüber einer Referenz auswerten lassen. Diese Konstruktionen werden auf einem Achsende montiert und arbeiten nach dem Stator-Rotor-Prinzip, wobei die Übertragung meistens über Schleifringe oder induktiv erfolgt. Eine andere Möglichkeit ist das Abtasten eines mitlaufenden Achs-Zahnkranzes durch einen berührungslosen magnetischen Sensor oder künstlich aufgebrachter Achsmuster durch Fotozellen. Bei einer ausreichend hohe Anzahl von elektrischen Pulsen pro Umdrehung, lässt sich ebenfalls die Drehzahl mit ihren Schwankungen ableiten. Die Frequenzgrenze bei diesen Verfahren liegt in etwa bei 1000 Hz, sie eignen sich also in Grenzen auch zur Messung von Drehzahl bedingten Schwingungen.

Wenn es sich um die Aufnahme reiner Wechselgrößen handelt, ist auch der Einsatz piezoelektrischer Beschleunigungssensoren denkbar. Eine einfache Lösung bestünde darin, zwei einzelne

Sensoren um 180° versetzt mit ihrer Vorzugsmessrichtung in Umfangsrichtung zu applizieren und die beiden Signale zu summieren, Abb. 43.

Eleganter scheint eine Lösung zu sein, die aus zwei symmetrischen Piezobiegebalken besteht, die bei Rotation um ihre Drehachse entgegen gesetzte Ladungen erzeugen, deren Subtraktion ein elektrisches Signal erzeugt, das proportional der Drehbeschleunigung ist, Abb. 44. (Translational-Angular-Piezosystem [TAP] [1]).

Der Vorteil dieser Konstruktion ist, dass die Summation der beiden Signale gleichzeitig ein translatorisches Signal in einer Koordinate senkrecht zur Achse erzeugt.

Auch beim Einsatz piezoelektrischer Sensoren, muss die Signalübertragung von der rotierenden Struktur mit drahtloser Technik erfolgen.

Die Identifikation von reinen *Torsionsschwingungen,* Abb. 45, erfordert im Allgemeinen die Messung des relativen Drehwinkels, Drehgeschwindigkeit oder Drehbeschleunigung zwischen zwei Querschnitten in Längsrichtung auf einer Achse.

Im einfachsten Fall geschieht das durch zwei Drehzahlsensoren, deren Phasendifferenz ausgewertet wird. Die klassische Methode besteht aus einem Dehn-Mess- Streifen Cluster als Vollbrücke, mit dem die Torsionsspannungen auf einer Achse ermittelt werden können. Die dabei

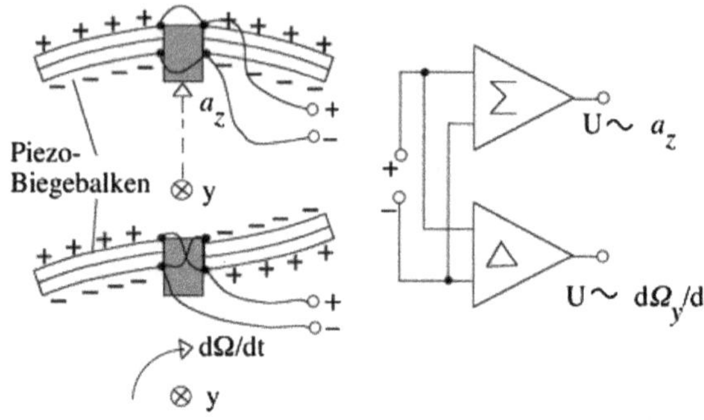

Abb. 44 Messung der Winkelbeschleunigung einer rotierenden Achse mittels zweier Piezo- Biegebalken und entsprechender Auswertung (Prinzip); y Drehachse

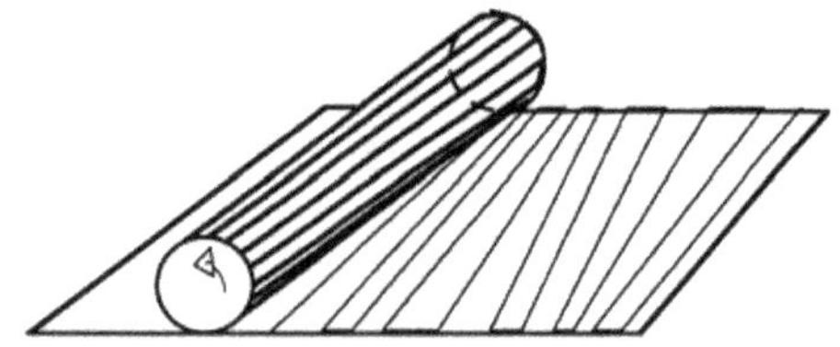

Abb. 45 Darstellung von Torsionsschwingungen einer rotierenden Achse (schematisch)

notwendige Übertragung der Spannungssignale erfolgt beispielsweise durch FM-Telemetrie.

Für die generelle Messung von Drehschwingungen an rotierenden Strukturen bietet sich allerdings vorteilhaft die berührungslose Lasermesstechnik an. Abb. 46 zeigt das Prinzip der Messung der Drehgeschwindigkeit mit einem zweikanaligen Laserinterferometer.

Erfasst werden die von einer rotierend schwingenden Struktur parallel, im Abstand d, reflektierten translatorischen Schnellekomponenten v_{x1}, v_{x2}, aus deren resultierenden Dopplerverschiebung Δf die dynamische Winkelgeschwindigkeit Ω in der nachfolgend hergeleiteten Form ermittelt werden kann.

Eine vektorielle Zerlegung führt zunächst auf

$$v_{x1} = v_1 \cdot \cos\alpha = \Omega \cdot R_1 \cdot \cos\alpha$$
$$v_{x2} = v_2 \cdot \cos\beta = \Omega \cdot R_2 \cdot \cos\beta. \tag{74}$$

Die rückgestreuten Schnellekomponenten erzeugen entsprechende Dopplerverschiebungen

$$\Delta f_1 = \frac{2 \cdot v_{x1}}{\lambda} = 2 \cdot \frac{\Omega \cdot R_1 \cdot \cos\alpha}{\lambda}$$
$$\Delta f_2 = \frac{2 \cdot v_{x2}}{\lambda} = 2 \cdot \frac{\Omega \cdot R_2 \cdot \cos\beta}{\lambda} \tag{75}$$

bzw.

mit λ Lichtwellenlänge des Lasers.

Mit dem geometrischen Zusammenhang zwischen den im Bild definierten Größen Abstand, Winkel und Radien

$$d = R_1 \cdot \cos\alpha + R_2 \cdot \cos\beta \tag{76}$$

ergibt sich die Summe der Dopplerverschiebungen zu

$$\Delta f = \Delta f_1 + \Delta f_2 = \frac{2 \cdot d \cdot \Omega}{\lambda} \tag{77}$$

Abb. 46 Prinzip der Messung der dynamischen Winkelgeschwindigkeit durch Laserinterferometrie; R_1 und R_2 müssen nicht gleich groß sein

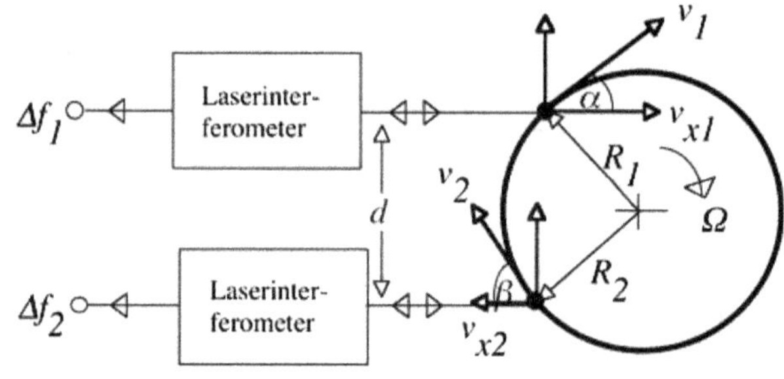

aus der sich schließlich die gesuchte Winkelschnelle gewinnen lässt

$$\Omega = \frac{\Delta f \cdot \lambda}{2 \cdot d}. \qquad (78)$$

6 Körperschallintensität

Während die Messung der Luftschallintensität weit verbreitete Anwendung findet, hat sich die Erfassung des Energieflusses in festen Strukturen in Form der Körperschallintensität nach Betrag und Richtung bisher noch nicht sehr durchgesetzt, obwohl die daraus resultierenden Erkenntnisse von großem Nutzen sein können. Es sind beispielsweise Aussagen über Ausbreitungswege von Körperschall in komplizierten Strukturen, die Lokalisation von Quellen bzw. Senken oder, wenn eine Intensitätskarte einer schwingenden Struktur angefertigt wird, das Vorhandensein von lokalen Dämpfungsmaterialien möglich. Eine typisches Anwendungsgebiet ist die Bauakustik, mit ihren verschieden gekoppelten und bedämpften Platten oder stabförmigen Teilstrukturen, auf denen sich verschiedene Wellentypen wie longitudinale Wellen als auch Biegewellen ausbreiten können. Die Kenntnis des Vorhandenseins von zum Beispiel Körperschallbrücken, kann mangelnden Schallschutz aufklären helfen [10].

6.1 Theoretische Grundlagen

Die Körperschallintensität gibt an, wie viel Schwingungsenergie im zeitlichen Mittel pro Flächen- und Zeiteinheit in welche Richtung einer Struktur fließt.

Die nachfolgende Herleitung der theoretischen Grundlagen beschränkt sich der Einfachheit halber auf eine eindimensionale ebene Biegewelle in einer homogenen Struktur (Plattenstreifen), für die die einfache Biegewellentheorie $\lambda_B < 0{,}6 \cdot h$ gelten soll (λ_B Biegewellenlänge, h Dicke der Struktur). Die Biegewellenintensität in x-Richtung, I_x in [W/m²], innerhalb eines kleinen Strukturquerschnittselement, wird dann generell durch die Querkraft F_x und die zwei Momente M_x und M_{xy} bestimmt, Abb. 47.

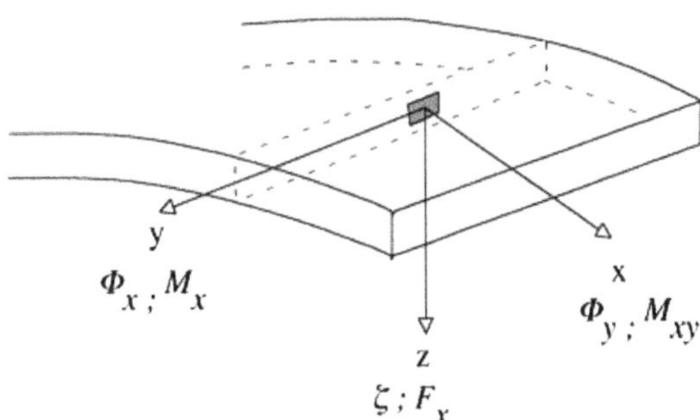

Abb. 47 Die die Körperschallintensität bestimmenden Vektorkomponenten der Kraft, Momente, Auslenkungen und Biegewinkel an einem Plattenstreifen

Der analytische Zusammenhang lautet [13]

$$\begin{aligned} I_x &= I_{x,F} + I_{x,M} \\ &= \overline{F_x \cdot v_z} + \left[\overline{M_x \cdot w_x} + \overline{M_{xy} \cdot w_y} \right] \end{aligned} \qquad (79)$$

mit

$I_{x,F}$	Kraftkomponente der Intensität in x-Richtung
$I_{x,M}$	Momentenkomponente der Intensität in x-Richtung
$v_z = d\zeta / dt$	Schnelle in z-Richtung
$w_x = d\Phi_x / dt$	Winkelgeschwindigkeit um die x-Achse
$w_y = d\Phi_y / dt$	Winkelgeschwindigkeit um die y-Achse
ζ	Auslenkung in z-Richtung senkrecht zur Oberfläche
Φ_x, Φ_y	Winkelauslenkung um die x- bzw. y-Achse
$\underline{F_x}$	Querkraft
	bedeutet zeitliche Mittelung.

Wie Noiseux [12] gezeigt hat, lässt sich der Momentenanteil in den meisten Anwendungsfällen vereinfachen zu

$$I_{x,M} \cong \frac{\overline{M_x + M_y}}{1 + \mu} \cdot w_x \qquad (80)$$

mit μ Poissonkonstante.

Bekanntermaßen lassen sich die einfachen Biegemomente über die zweite Ableitung der Auslenkung über den jeweiligen Ort ausdrücken

$$M_x + M_y = -B' \cdot (1 - \mu) \cdot \left[\frac{\partial^2 \zeta}{\partial x^2} + \frac{\partial^2 \zeta}{\partial y^2}\right] \quad (81)$$

mit $B' = E \cdot h^3 / (12 \cdot (1 - \mu^2))$ Biegesteife der Platte, E Elastizitätsmodul.

Unter der getroffenen Voraussetzung von harmonischen, ungestörten ebenen Wellen ergibt sich weiterhin

$$\frac{\partial^2 \zeta}{\partial x^2} + \frac{\partial^2 \zeta}{\partial y^2} = k_B^2 \cdot \zeta \quad (82)$$

mit $k_B^2 = \sqrt{(\omega^2 \cdot m'') / B'}$ Quadrat der Biegewellenzahl, m'' flächenbezogene Masse, ω Kreisfrequenz.

Wird weiterhin von Fernfeldbedingungen ausgegangen, d. h. die Entfernung von einem Anregeort oder einer Diskontinuität beträgt mindestens eine halbe Wellenlänge, sind die beiden Intensitätskomponenten gleich groß, d. h.,

$$I_{x,F} = I_{x,M} = \frac{I_x}{2} \quad (83)$$

womit sich

$$I_x = 2 \cdot I_{x,M} \quad (84)$$

schreiben lässt. Werden nun die abgeleiteten Ausdrücke zusammengesetzt und die Auslenkung über die Beschleunigung a_z in z-Richtung ausgedrückt

$$\zeta = \int \int a_z d^2 t \quad (85)$$

ergibt sich abschließend

$$I_x \cong -2 \cdot B' \cdot k_B^2 \cdot w_x \cdot \overline{\int \int a_z d^2 t} \quad (86)$$

bzw. für harmonische Zeitverläufe mit $\zeta = -a_z / \omega^2$ und dem aufgelösten Ausdruck für die Biegewellenzahl

$$I_x \cong 2 \cdot \frac{\overline{\sqrt{B' \cdot m''}}}{\omega} \cdot w_x \cdot a_z. \quad (87)$$

Diese Gleichung beinhaltet auch gleich die Messvorschrift für die Verwendung von Beschleunigungssensoren, wie im nächsten Abschnitt gezeigt wird. In Abweichung zur Luftschallintensität ist der Faktor frequenzabhängig, was bedeutet, dass obige Gleichungen nur für sinusförmige Schwingungen anwendbar sind.

6.2   Messtechnische Realisation

Die messtechnische Umsetzung der in Abschn. 6.1 angegebenen Gleichung erfolgt nun in Analogie zur Luftschallintensitätsmessung mit zwei Beschleunigungssensoren, die in einem definierten Abstand Δr auf der zu untersuchenden Strukturoberfläche angeordnet werden, Abb. 48.

Die Befestigung kann bei Metallen beispielsweise durch einen Magneten erfolgen, bei baulichen Strukturen und nicht allzu hohen Frequenzen auch über einen zentralen Adapter, der von Hand auf die Struktur gepresst wird.

Durch Mittelwertbildung der beiden Beschleunigungssignale ergibt sich angenähert die Beschleunigung senkrecht zur Strukturoberfläche a_z in der Mitte der beiden Sensoren

$$a_z \cong \frac{a_1 + a_2}{2}. \quad (88)$$

Die Winkelgeschwindigkeit w_x wird näherungsweise durch Integration des Differenzquotienten der beiden Beschleunigungen gebildet

$$w_x = \int \frac{\partial a_z}{\partial x} dt \cong \int \frac{a_2 - a_1}{\Delta r} dt \quad (89)$$

dabei muss der Abstand Δr klein zur Biegewellenlänge sein. Um einen größeren

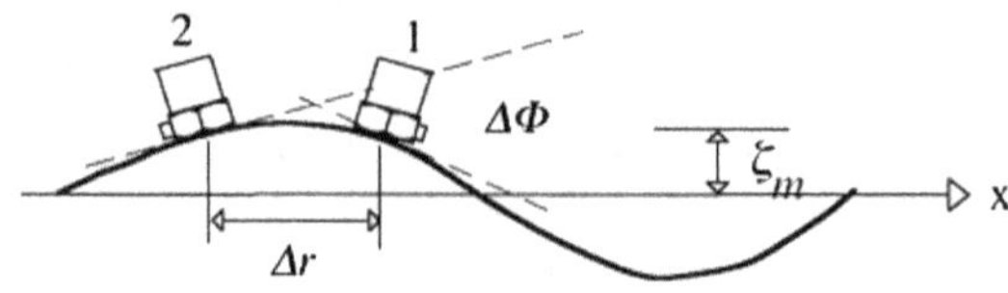

Abb. 48 Schematische Anordnung zur Messung der eindimensionalen Biegewellenintensität auf einer Strukturoberfläche mit zwei Beschleunigungssensoren

Frequenzbereich mit entsprechender Messgenauigkeit zu erfassen, sind in der Praxis verschiedene Sensorabstände von Nöten.

Die Messvorschrift im Zeitbereich (sog. direkte Methode) lautet dann abschließend

$$I_x \cong 2 \cdot \frac{\sqrt{B' \cdot m''}}{\omega} \cdot \overline{\frac{a_1 + a_2}{2}} \cdot \int \frac{a_2 - a_1}{\Delta r} dt \quad (90)$$

Wegen der theoretischen Voraussetzungen bei den hergeleiteten Formeln ist ferner darauf zu achten, dass zu tiefen Frequenzen hin der Messort mindestens eine halbe Wellenlänge von Rändern, Inhomogenitäten und Anregestellen einer Struktur entfernt sein muss. Ferner nimmt die Messgenauigkeit zu tiefen Frequenzen hin aufgrund von Phasenfehlern ab, bei $\varphi = 0{,}5°$ Phasenunterschied in den beiden Signalkanälen (Sensoren, Signalaufbereitung und -analyse), würde der Fehler etwa 5 % betragen.

Ebenfalls gebräuchlich ist die Verwendung von Intensitätspegeln bezogen auf 10^{-12}W/m^2. Beim Einsatz von zweikanaligen Luftschallintensitäts-Messgeräten, bei denen die Mikrofone einfach durch die beiden Beschleunigungssensoren ersetzt werden, müssen ferner interne Korrekturen mit Konstantdaten berücksichtigt werden, sodass i. a. folgender Ausdruck benutzt werden muss

$$L_{I_x} \cong 10 \lg \left(\text{Re} \left\{ \overline{(a_1 + a_2)} \cdot \int a_2 - a_1 dt \right\} \right)$$
$$+ 10 \lg \left(\frac{\sqrt{B' \cdot m''} \cdot K_{\text{intern}} \cdot \Delta r_{\text{Luft}} \cdot \rho_{0,\text{Luft}}}{\omega \cdot \Delta r} \right) \quad [dB] \quad (91)$$

mit K_{intern} gerätespezifischer Korrekturfaktor.

Die Einzelkanäle der Beschleunigungen werden dabei in Pegeln bezogen auf $20 \times 10{-}^6$ m/s^2 kalibriert.

Bei Verwendung von Terzfiltern beträgt der maximale Fehler 0,6 dB, wenn die zu messende Frequenz innerhalb eines Terzbandes nicht mit der Mittenfrequenz zusammen fällt.

Um den resultierenden Vektor einer Intensität zu erhalten, müssen die beiden senkrecht zueinander stehenden Intensitätskomponenten I_x und I_y erfasst werden. Dieses erfolgt entweder mit zwei Paaren von Beschleunigungssensoren die entsprechend angeordnet sind, oder, wenn die Strukturschwingungen stationär sind, nacheinander mit der oben beschriebenen Anordnung aus zwei Sensoren, die entsprechend gedreht werden. Der Betrag ergibt sich bekanntermaßen aus

$$\left| \vec{I} \right| = \sqrt{I_x^2 + I_y^2} \quad (92)$$

und der Winkel entsprechend

$$\alpha = \arctan \left[\frac{I_y}{I_x} \right]. \quad (93)$$

Zu erwähnen bleibt noch, dass die Körperschallintensität natürlich auch über den Imaginärteil der Kreuzleistungsdichte der beiden Beschleunigungssignale im Frequenzbereich ermittelt werden kann

$$I_x \cong \frac{\sqrt{B' \cdot m''}}{\omega \cdot \Delta r} \cdot \text{Im}\{a_2 \cdot a_1^*\}. \quad (94)$$

* bedeutet konjungiert komplex.

6.3 Anwendungsbeispiel

Abb. 49 zeigt die gemessene Körperschall-Intensitätsverteilung auf einer $3 \cdot 4$ m großen Gipskarton-Vorsatzschale vor einer Vollziegelwand [14]. Der Abstand der Sensoren betrug 16 mm, die erfasste Frequenzkomponente lag bei 1000 Hz. Deutlich sind zwei unterschiedlich starke Körperschallbrücken feststellbar, die anhand der Intensitätsrichtung als Quellen identifizierbar sind.

Generell gibt die Richtung der Intensitätspfeile Auskunft über das Vorhandensein von Körperschallquellen, -senken oder Zirkulationspunkten, bei denen Energie weder in die Struktur eingetragen wird, noch abfließt, Abb. 50.

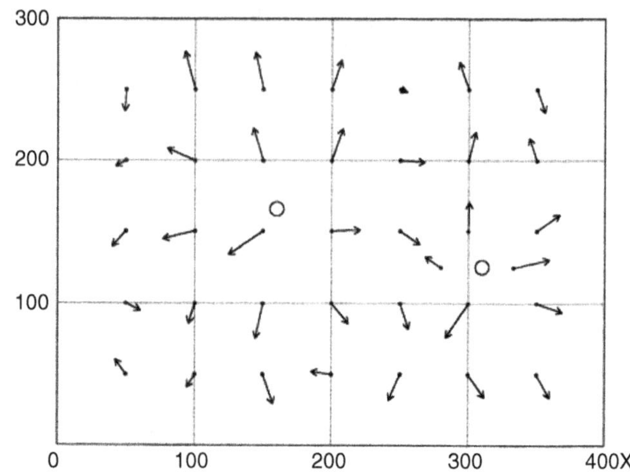

Abb. 49 Gemessene Körperschallbrücken auf einer Gipskarton-Vorsatzschale. Messfrequenz 1000 Hz, Sensorabstand 16 mm [14]

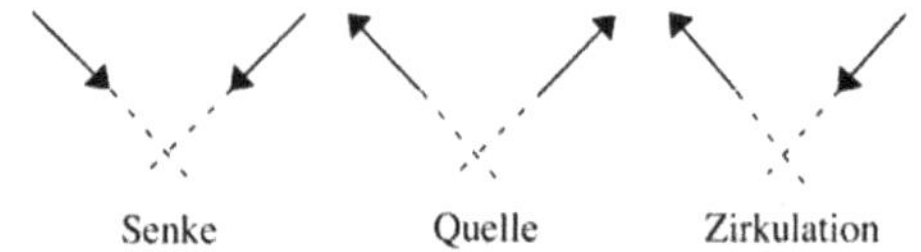

Abb. 50 Identifikation verschiedener Energieformen anhand der Richtungspfeile der Körperschall-Intensität

7   Schwingerregung

Zur Ermittlung der dynamischen Eigenschaften von Strukturen, wie z. B. das Schwingungsverhalten, ist es notwendig, diese künstlich anzuregen. Die dabei verwendeten Prinzipien sind hydraulisch, elektrodynamisch, magnetostriktiv, piezomechanisch oder rein mechanisch.

Während die hydraulische Anregung für große Bewegungsamplituden und tiefe Frequenzen geeignet ist, erzeugen magnetorestriktive und Piezo-Erreger zwar große Kräfte, aber geringe Amplituden, allerdings bis in den Ultraschallbereich hinein. Im klassischen Körperschallbereich sind elektrodynamische Schwingerreger und die rein mechanische Anregung mittels Impulshammer am meisten verbreitet, diese sollen im Folgenden näher beschrieben werden.

7.1   Elektrodynamischer Schwingerreger

7.1.1 Funktionsweise

Elektrodynamische Schwingerreger funktionieren wie ihr akustisches Pendant, dem Lautsprecher, nur dass anstelle der Membran ein sog. Schwingkopf zur mechanischen Befestigung an eine Struktur angeordnet ist, Abb. 51.

Der Aufbau besteht aus einem Permanentmagneten, in dessen Luftspalt sich die Schwing- oder auch Tauchspule befindet, die von einer

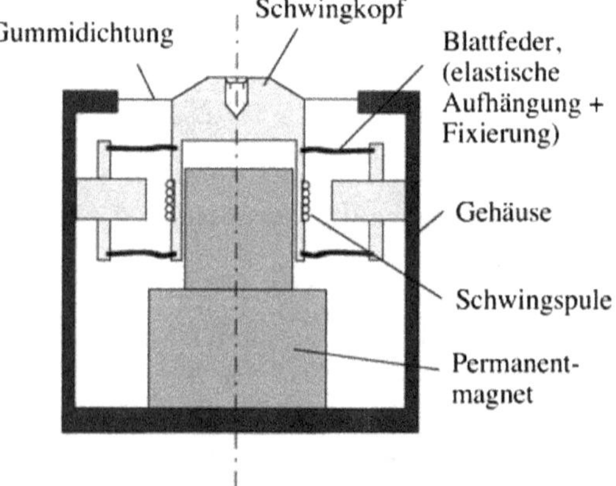

Abb. 51 Prinzipaufbau eines elektrodynamischen Schwingerregers

Wechselstromquelle gespeist wird. Mit der Spule fest verbunden ist der Schwingkopf oder auch Schwingtisch, zur Ankopplung an die anzuregende Struktur. Die beweglich, elastische Aufhängung des Schwingkopf-Spulenteils dient gleichzeitig der Fixierung im Luftspalt.

Die erzeugte elektromagnetische Wechselkraft auf die Schwingspule und damit auf den Schwingkopf hängt bekanntermaßen von der magnetischen Flussdichte (Induktion) B, der Leiterlänge der Spule l sowie von der Höhe des durch die Spule fließenden elektrischen Wechselstroms i ab (Biot-Savart'sches Gesetz)

$$F = B \cdot l \cdot i \tag{95}$$

Der Strom kann also als Maß für die in eine Struktur eingeleitete Kraft dienen. Da das reale Verhalten eines applizierten Schwingerregers aber, wie weiter unten gezeigt wird, weitaus komplizierter ist als obige Formel angibt, wird in der Praxis die in eine Struktur eingeleitete Kraft meistens mit einem geeigneten Kraftaufnehmer messtechnisch ermittelt.

7.1.2 Übertragungsverhalten

Wird angenommen, dass das Schwingkopf-Spulenelement reinen Massecharakter m hat, also $F = m \cdot a$ gilt, wäre die erzeugte Beschleunigung a

$$a = \frac{B \cdot l \cdot i}{m}. \tag{96}$$

Würde dem Schwingerreger weiterhin ein konstanter Wechselstrom aufgeprägt, wäre die angeregte Strukturbeschleunigung unter idealen Bedingungen diesem proportional, also konstant und Frequenz unabhängig.

Die Kraft wird prinzipiell begrenzt durch die Thermik der Spule sowie durch die Materialien und die mechanische Festigkeit der sich bewegenden Teile. Typische Werte für elektrodynamische Schwingerreger sind Kräfte zwischen etwa 5 und 1000 N, Beschleunigungen liegen zwischen 500 und 1500 m/s^2 und erreichbare Spitzenauslenkungen betragen 6 bis 20 mm Bei einem idealen Schwingerreger muss das Schwingkopf-Spulenelement eine starre Einheit bilden, damit eine phasengleiche Bewegung erzeugt wird. Ferner darf die elastische Aufhängung nur eine eindimensionale Bewegung ermöglichen und schließlich dürfen weder die auf dem Schwingerreger angekoppelte Struktur noch die elektrisch angeschlossenen Geräte auf die Anregung zurück wirken. Da diese Forderungen in der Praxis nicht erfüllt werden können, sind Kompromisse notwendig, die zu einem bestimmten Übertragungsverhalten über der Frequenz führen.

Zunächst muss berücksichtigt werden, dass die Federsteife der elastischen Aufhängung s_W zusammen mit der Spulen-Schwingkopfmasse m_W im einfachsten Fall ein bedämpftes Masse-Feder-System darstellen, dessen Impedanz $Z_{m,W}$ die bekannte Form aufweist

$$Z_{m,W} = j\omega m_W + \frac{s_W}{j\omega} + r \tag{97}$$

r viskose mechanische Dämpfung. Die dazugehörende Resonanz

$$\omega_{res,W}^2 = \frac{s_W}{m_W} - \left(\frac{r}{2 \cdot m}\right)^2 \tag{98}$$

wird bei Schwingerregern in der Praxis im Allgemeinen zu tiefen Frequenzen hin abgestimmt

Damit ergäbe sich nun folgendes Übertragungsverhalten

$$a = \frac{j\omega \cdot B \cdot l \cdot i}{Z_{m,W}}. \tag{99}$$

Bei hohen Frequenzen entsteht eine Begrenzung dadurch, dass das Schwingkopfelement selber Eigenfrequenzen hat, die an Bedeutung gewinnen und den Frequenzgang nach oben hin einschränken. Geht man wiederum von einer Speisung mit einem eingeprägten konstanten Strom aus, ergäbe sich der in Abb. 52 dargestellte Beschleunigungs-Frequenzgang.

Bei ganz tiefen Frequenzen dominiert die Federsteife der elastischen Aufhängung mit einem Anstieg von 12 dB/Oktave. Danach tritt die mechanische Resonanz $\omega_{res,W}$ auf, deren Überhöhung durch die Dämpfung begrenzt wird. Es schließt sich der Bereich konstanter Beschleunigung an, der durch die Masse des Schwingkopf- Spulenelementes bestimmt wird. Begrenzt wird hier der Bereich durch eine erste Strukturresonanz desselben Elementes. In der

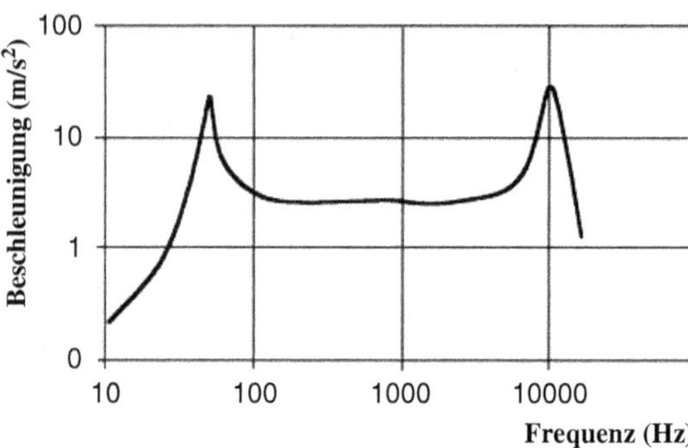

Abb. 52 Beschleunigung eines elektrodynamischen Schwingerregers über der Frequenz, wenn die Schwingspule mit einem konstanten Wechselstrom gespeist wird

bisherigen Betrachtung wurde davon ausgegangen, dass die wirksame Masse des Schwingkopf-Spulenelementes groß gegenüber einer möglichen angekoppelten Last durch eine anzuregende Struktur ist, was nur für sehr leichte Strukturen zutrifft. Tatsächlich muss auch diese berücksichtigt werden, sodass die obige Formel zu erweitern ist zu

$$a = \frac{j\omega \cdot B \cdot l \cdot i}{Z_{m,W} + Z_{m,x}} \qquad (100)$$

mit $Z_{m,x}$ angekoppelte Strukturimpedanz. Voraussetzung ist eine ausreichend starre Ankopplung. Aufgrund von möglichen Strukturresonanzen mit niedrigen Impedanzwerten kommt es zu frequenzabhängigen Laständerungen und damit zu Änderungen in den Bewegungsamplituden, die in der Praxis manchmal durch elektronische Regelung ausgeglichen werden. Als Referenz dient die Bewegung des Schwingkopfes selber, geregelt wird der Strom.

Die für die elektrische Ansteuerung von Schwingerregern notwendigen Leistungsverstärker liefern jedoch selten einen Konstantstrom, sondern eher eine konstante Ausgangsspannung. Über die elektrische Spannung kommt damit die elektrische Impedanz $Z_{e,W}$ des Schwingerregers ins Spiel. Um diesen zusätzlichen Einfluss zu berücksichtigen muss auf die allgemeinen Wandlergleichungen zurückgegriffen werden, die die Wechselwirkungen zwischen dem mechanischen Teil mit der angekoppelten, anzuregenden Struktur und dem elektrischen Part, inklusive des angeschlossenen Signalverstärkers, berücksichtigen [3].

Die Kopplung zwischen angelegter elektrischer Wechselspannung u und der Schwingschnelle v einerseits sowie zwischen der mechanischen Wechselkraft F und dem elektrischen Wechselstrom i andererseits, erfolgt über die sog. Wandlerkoeffizienten $M_{u,v}$ bzw. $M_{F,i}$, die im vorliegenden Fall vom Betrag her gleich groß sind und folgendes Aussehen haben

$$\left| M_{u,v} \right| = \left| M_{F,i} \right| = M = B \cdot l \qquad (101)$$

Die Wandlergleichungen führen zusammen mit der elektrischen Ausgangsimpedanz des Spannungsverstärkers $Z_{e,Q}$ und den weiter oben definierten Größen, auf folgenden Ausdruck für das Übertragungsverhalten zwischen der in die Struktur eingeleiteten Kraft und der angeschlossenen Ausgangsspannung des Signalverstärkers

$$F = \frac{B \cdot l \cdot Z_{m,x}}{(B \cdot l)^2 + (Z_{m,W} + Z_{m,x}) \cdot (Z_{e,W} + Z_{e,Q})} \cdot u \qquad (102)$$

bzw. unter Verwendung der Umrechnungen $-F = Z_{m,x} \cdot v$ und $v = a/j\omega$ auf die Relation zwischen der Beschleunigung der angeregten Struktur und der angelegten Wechselspannung

$$a = \frac{-j\omega \cdot B \cdot l}{(B \cdot l)^2 + (Z_{m,W} + Z_{m,x}) \cdot (Z_{e,W} + Z_{e,Q})} \cdot u \qquad (103)$$

dabei wird eine starre Kopplung zwischen Schwingerreger und Struktur vorausgesetzt.

Das auftretende Frequenzverhalten ist nun von mehreren Parametern abhängig und nicht mehr so einfach zu überschauen. Je nach Dimensionierung des Schwingerregers, dem Verhalten der angekoppelten Struktur sowie den elektrischen Eigenschaften des Spannungsverstärkers, ergibt sich im Prinzip der im Abb. 53 dargestellte Frequenzgang, dessen Verlauf stark durch den

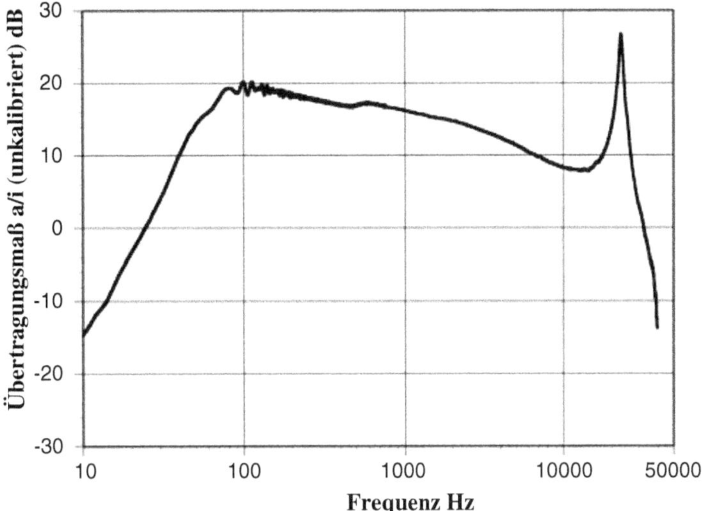

Abb. 53 Typischer Frequenzgang eines elektrodynamischen Schwingerregers mit niedriger Impedanz und hoher Dämpfung sowie einer Ansteuerung mit einem niederohmigen Leistungsverstärker

elektrischen Widerstand der Schwingspulenwicklung und der mechanischen Dämpfung der elastischen Aufhängung bestimmt wird (Realteile der entsprechenden Impedanzen).

Im Beispiel ist die im unteren Frequenzbereich auftretende Aufhängungsresonanz $\omega_{res,W}$ des Schwingkopfes stark bedämpft und so gut wie nicht ausgeprägt. Der Anstieg mit 6 dB/Oktave bei tiefen Frequenzen ist dadurch zu erklären, dass der niedrige Innenwiderstand des angeschlossenen Leistungsverstärkers, die in der Spule induzierte Gegenspannung in diesem Bereich beinahe kurzschließt. Da die Gegenspannung proportional der Schwingschnelle ist, wird die entsprechende Bewegung mit konstanter Schnelle erfolgen und damit mit dem genannten Anstieg in einem Beschleunigungs-Frequenzgang erscheinen. Bei höheren Frequenzen, ist die Bewegung, wie weiter oben bereits diskutiert, weitgehend durch die Massen mit einer konstanten Beschleunigung bestimmt. Da in diesem Beispiel der ohmsche Widerstand der Spulenwicklung niedrig ist, ist der Bereich konstanter Beschleunigung relativ wenig ausgeprägt, was nicht zwingend sein muss, und die Induktivität der Schwingspule bekommt zunehmend Einfluss auf den Beschleunigungsverlauf mit einem Abfall von ebenfalls 6 dB/Oktave. Der mittlere Bereich des Frequenzverlaufes hat deshalb das Aussehen einer scheinbar stark bedämpften

Resonanz, die fälschlicher Weise oft mit dem Begriff „elektromechanische Resonanz" bezeichnet wird. Begrenzt wird auch hier die Frequenzkurve durch eine erste Strukturresonanz des Schwingkopf-Spulenelementes.

7.1.3 Ankopplungsfragen

Um eine eindimensional fortschreitende Bewegung zu erhalten, muss der Schwingerreger mit seinem beweglichen Schwingkopfelement entweder so aufgehängt werden, dass keine anderen Bewegungsformen möglich sind, oder Kräfte, die eine solche Bewegung verursachen könnten, müssen ausgeschaltet werden, deswegen empfiehlt sich bei nicht allzu großen Krafteinleitungen die Ankopplung mittels eines Klavierdrahtes, wie er in Abschn. 4.4 beschrieben ist. Die Lage des Prüfobjekts auf dem Schwingkopf beeinflusst die Art der Schwingung ebenfalls stark. Wenn z. B. der dynamische Schwerpunkt der anzuregenden Struktur bei irgendeiner Prüffrequenz von der Achse des Schwingkopfes abweicht, werden Drehmomente erzeugt, die Verzerrungen der Kraft bzw. Bewegungsamplituden verursachen können [16].

Eine anderes Problem kann bei dickeren Strukturen im Zusammenhang mit der Messung der Strukturkenngrößen Punkt-Eingangsimpedanz o. ä auftauchen, wenn die Anregefläche im Sinne einer „Punktkraft" klein zur Wellenlänge sein soll. Hier ist ein Kompromiss notwendig, da eine zu kleine Fläche zusätzlich zur Anregung der lokalen Steifigkeit des Materials führen kann und somit Messverfälschungen auftreten [7].

7.2 Impulshammer

7.2.1 Aufbau

Wie der Name bereits andeutet, handelt es sich beim Impulshammer um ein Werkzeug mit dem sich Strukturen mittels mechanischer Kraftimpulse anregen lassen. Er besteht aus einem Hammer, an dessen Aufschlagseite ein Kraftaufnehmer montiert ist, der mit verschieden harten Schlagspitzen ausgestattet werden kann. Impulshämmer finden Anwendung in Zusammenhang mit Strukturtests wie Modalanalyse, Resonanzbestimmung oder auch in der Ermittlung der Strukturgrößen wie Impedanzen, Rezeptanzen o. ä., wobei die erregte Schwingungsantwort der Struktur meistens mit einem Beschleunigungssensor erfasst wird. Der Vorteil ist ihre einfache Handhabung, da sie keine feste mechanische Verbindung mit einer Struktur benötigen.

7.2.2 Frequenzgang

Die Höhe und der Frequenzinhalt der eingeleiteten Kraft hängen stark von der Hammermasse und der Härte der Aufschlagspitze ab, wobei die Härte die Form und Länge des Impulses und damit den Frequenzgang der anregenden Kraft bestimmt. In der Praxis lassen sich je nach Hammertyp Kraftamplituden zwischen etwa 200 N und 20 kN erzeugen, mit einem maximalen Frequenzbereich der zwischen etwa 500 Hz und 10 kHz liegen kann.

Abb. 54 zeigt schematisch ein gemessenes Beispiel für den Einfluss verschieden harter Aufschlagspitzen aus Stahl, Kunststoff und Gummi auf die Impulsform. Je weicher die Spitze, umso kleiner und breiter ist der Impuls. Die dazu gehörenden Frequenzspektren sind in Abb. 55 dargestellt. Um Messfehler zu vermeiden, muss die Eigenresonanz des Kraftsensors in jedem Fall viel höher liegen.

7.2.3 Kalibrierung

Die Kalibrierung eines Impulshammers ist nicht so einfach, wie die eines einzelnen Kraftsensors. Das hängt damit zusammen, dass die tatsächliche Impulskraft F_x, mit der die Struktur angeregt wird, durch die zwischengeschaltete

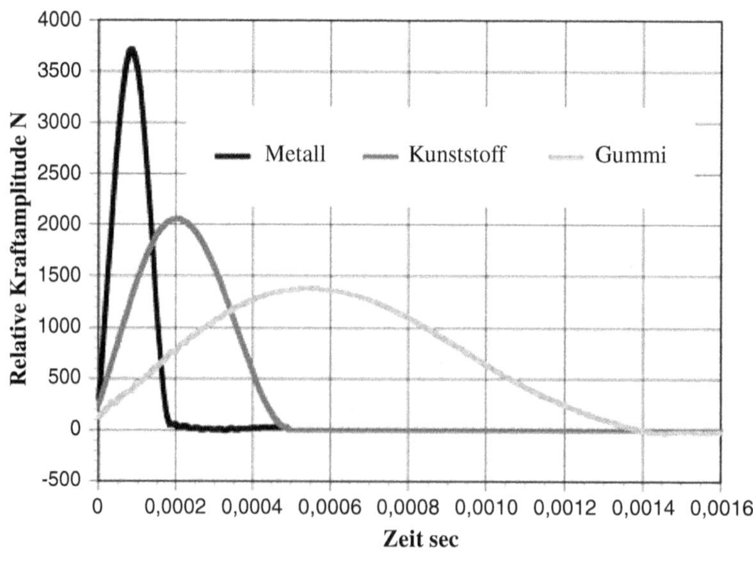

Abb. 54 Einfluss der Härte der Aufschlagspitze auf Höhe und Form des Kraftimpulses

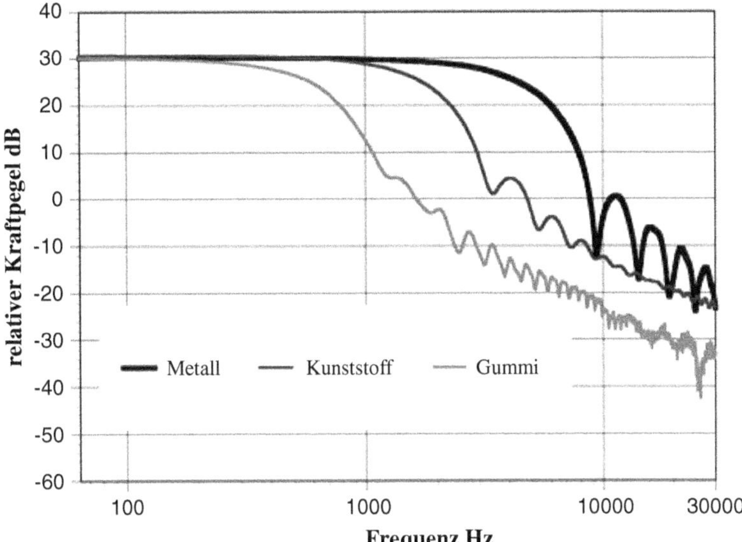

Abb. 55 Einfluss der Härte der Aufschlagspitze auf den Frequenzbereich des anregenden Kraftimpulses

Aufschlagspitze immer etwas größer ist, als diejenige Kraft F_S, die der Sensor misst

$$\frac{F_S}{F_x} = 1 - \frac{m_{w,Sp}}{m_{w,ges}} \qquad (104)$$

mit

$m_{w,Sp}$ wirksame Masse der Aufschlagspitze

$m_{w,ges}$ wirksame Masse von Hammer inklusive Aufschlagspitze.

Unter der sog. wirksamen Masse wird diejenige starre Masse verstanden, die bei Einwirkung der gleichen Kraft dieselbe lineare Beschleunigung hätte, wie die tatsächliche Masse. Da es nahezu unmöglich ist analytisch diese Massen zu bestimmen, empfiehlt sich in der Praxis eine Kalibrierung mit einem sog. ballistischen Pendel, Abb. 56.

Dieses besteht aus einer definierten starren Masse, die frei als Pendel aufgehängt ist. Auf der einen Seite der Masse wird ein Beschleunigungssensor befestigt, der normal kalibriert wird. Die gegenüber liegende Seite fungiert als mit dem Hammer anzuregende Stoßfläche, sie sollte idealer Weise die gleiche Materialität haben, wie die eigentliche zu untersuchende Oberfläche. In einer zweikanaligen Signalverarbeitung wird nun die dynamische Masse über der Frequenz ermittelt, wobei für den Kraftsensor zunächst der vom Hersteller angegebene

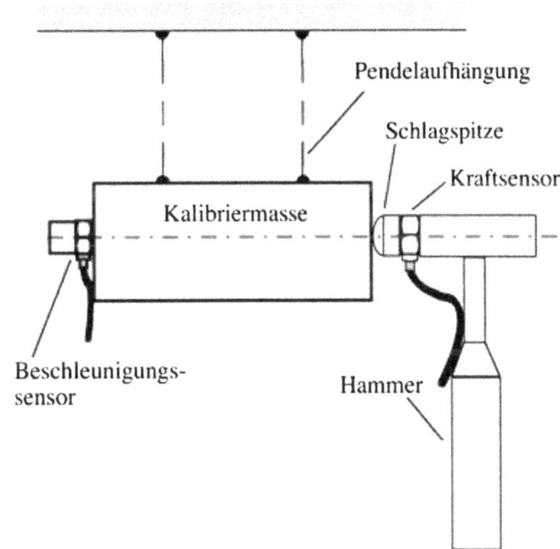

Abb. 56 Ballistisches Pendel zum Kalibrieren von Impulshämmern

oder gemessene Übertragungsfaktor eingegeben wird. Das Ergebnis bei tiefen Frequenzen wird mit der bekannten Pendelmasse (einschließlich der Masse des Beschleunigungssensors) verglichen, woraus sich ein Korrekturfaktor ermitteln lässt, dessen Berücksichtigung zu einer kalibrierten Messung führen sollte:

$$\frac{F_{Hammer}}{a_{Pendel}} = m_{dyn,mess} \stackrel{!}{=} m_{Pendel} + m_{Sensor}. \qquad (105)$$

7.2.4 Anmerkungen zur Signalverarbeitung

Zur Ermittelung der Strukturkenngrößen Impedanz u. ä. mit einem Impulshammer benötigt man Analysatoren mit mindestens zwei Kanälen. Moderne digitale Geräte bieten dabei die Möglichkeit Kraft und Strukturantwort mit unterschiedlicher Fensterung zu verarbeiten, sog. Force-Exponentiell-Windowing. Da der Zeitverlauf des Kraftimpulses bei manueller Anwendung oft Preller aufweist, die bei der Fouriertransformation zu Fehlern führen, bietet das rechteckförmige Kraftfenster die Möglichkeit seine abfallende Flanke zeitlich so zu verschieben, dass nur der eingeleitete Hauptkraftimpuls ausgeschnitten wird.

Die i. a. resonanzhaltige Strukturantwort ist bei gewählter Fensterbreite oft noch nicht ganz abgeklungen, was bei der Periodisierung in der Signalverarbeitung zu Sprüngen und damit ebenfalls zu einer fehlerhaften Analyse führen kann. Das exponentielle Fenster bietet nun die Möglichkeit seine exponentiell abfallende Flanke so zu verschieben, dass die Strukturantwort am Fensterende ausreichend stark unterdrückt ist.

Die Anwendung dieser speziellen Fensterung führt in der Praxis zu „glatten" und genauen Frequenzgängen der Strukturkenngrößen. Darüber hinaus ist es durch mehrfache Impulsanregung möglich, Ergebnisse zu mitteln. Über die Genauigkeit einer Messung entscheidet bekanntermaßen auch hier die Kohärenz, die im gesamten interessierenden Frequenzbereich nicht kleiner 0,9 sein sollte.

Literatur

1. Bill, B., Wicks, A.L.: Measuring simultaneously translational and angular acceleration with Translational-Angular-Piezobeam (TAP) system. Sens. Actuators **21**(A21–A23), 282–284 (1990)
2. Braender, W.: Hochfrequenzverhalten von Kraftaufnehmern. Bruel & Kjær Technical Review Nr. 2 (1973)
3. Cremer, L., Heckl, M.: Körperschall. Springer, Berlin (1996)
4. Ewins, D.J.: Modal Testing: Theory and Practice. Research Studies, Letchworth (1986)
5. Hakansson, B., Carlsson, P.: Bias errors in mechanical impedance data obtained with impedance heads. J. Sound Vib. **113**(1), 173–183 (1987)
6. Hansen, K.H.: Einfache Dimensionierungsregeln für die Elektronik beim Messen stoßartiger Vorgänge mit piezoelektrischen Aufnehmern. VDI-Berichte Nr. 135, 57–60 (1969)
7. Heckl, M.: Körperschallübertragung bei homogenen Platten beliebiger Dicke. Acustica **49**, 183 ff. (1981)
8. Heckl, M., Müller, H.A. (Hrsg.): Taschenbuch der Technischen Akustik. Springer, Berlin (1994)
9. ISO 5347-5: Verfahren zur Kalibrierung von Schwingungs- und Stoß-Aufnehmern. Beuth, Berlin (1983)
10. Maysenhölder, W., Schneider, W.: Sound bridge localisation in buildings by structureborne sound intensity measurements. Acustica **68**,258–262 (1989)
11. Möser, M.: Technische Akustik. VDI Buch, 10. Aufl. Springer, Berlin (2015)
12. Noiseux, D.U.: Measurement of power flow in uniform beams and plates. J. Acoust. Soc. Am. **47**,238–247 (1969)
13. Rasmussen, G.: Intensity measurements in structures. In: Proceedings 11 International Congress on Acoustic (ICA), Paris, S. 231–234 (1983)
14. Schällig, A.: Methoden zur Ortung von Körperschallbrücken. Diplomarbeit Technische Universität Berlin, Institut für Technische Akustik (1991)
15. Tichy, J., Gautschi, G.: Piezoelektrische Messtechnik. Springer, Berlin (1980)
16. Tomlinson, G.R.: Force distortion in reconance testing of structures with electro-dynamic vibration exciters. J. Sound Vib. **63**(3), 337–350 (1979)
17. Walker, D.: Torsional Vibration of Turbomachinery. McGraw-Hill Education, Europe (2003)

GPSR Compliance
The European Union's (EU) General Product Safety Regulation (GPSR) is a set
of rules that requires consumer products to be safe and our obligations to
ensure this.

If you have any concerns about our products, you can contact us on

ProductSafety@springernature.com

In case Publisher is established outside the EU, the EU authorized
representative is:

Springer Nature Customer Service Center GmbH
Europaplatz 3
69115 Heidelberg, Germany